BIM与施工安全管理

郭红领　刘文平　张伟胜　于言滔　著

中国建筑工业出版社

图书在版编目（CIP）数据

BIM与施工安全管理／郭红领等著．—北京：中国建筑工业出版社，2017.4

ISBN 978-7-112-20607-0

Ⅰ．①B… Ⅱ．①郭… Ⅲ．①建筑施工—安全管理—管理系统（软件） Ⅳ．①TU714-39

中国版本图书馆CIP数据核字（2017）第056675号

　　本书针对施工安全管理三要素，即物的不安全状态、人的不安全行为和不安全的环境，结合BIM等先进的信息技术深入探索了施工安全管理新方法与新技术，以期望为建筑工程施工安全管理提供有效的支撑手段，提高建筑业的安全管理水平。此外，本书介绍了工程设计不安全因素自动识别原型系统和施工工人不安全行为实时监控预警原型系统，及其应用测试情况。结果表明，本书提出的基于BIM的施工事故预防方法与技术可以有效地发挥事故预防作用，相关系统具有较好的应用前景。

　　本书总结了作者多年来在BIM和施工安全管理研究与实践方面的经验，兼顾了理论与实践。本书既适用于BIM相关领域的研究人员（包括大中院校、科研院所研究生和本科生），又适用于建筑业相关从业人员（包括政府、开发商、承建商等）、相关软件技术研发人员、咨询行业从业人员等。

责任编辑：赵晓菲　朱晓瑜
书籍设计：京点制版
责任校对：王宇枢　李美娜

BIM与施工安全管理

郭红领　刘文平　张伟胜　于言滔　著

＊

中国建筑工业出版社出版、发行（北京海淀三里河路9号）
各地新华书店、建筑书店经销
北京点击世代文化传媒有限公司制版
北京建筑工业印刷厂印刷

＊

开本：787×1092 毫米　1/16　印张：9¼　字数：156 千字
2019年6月第一版　2019年6月第一次印刷
定价：35.00 元
ISBN 978-7-112-20607-0
　　　（30282）

前　言

　　建筑业在全球范围内已经成为最危险的行业之一。在中国，每年建筑工程施工安全事故死亡人数超过千人，造成了巨大的经济损失和社会影响。尽管安全培训等传统的安全管理方法和技术在某种程度上提高了安全管理成效，但由于施工现场的动态性和复杂性，其难以有效预防施工事故的发生，致使建筑行业安全事故频发、工人伤亡率居高不下。为此，在国家自然科学基金委的资助下，作者针对施工安全管理三要素，即物的不安全状态、人的不安全行为和不安全的环境，结合 BIM（Building Information Modeling）等先进的信息技术深入探索了施工安全管理新方法与新技术，以期望为建筑工程施工安全管理提供有效的支撑手段，提高建筑业的安全管理水平。

　　结合国家自然科学基金委资助项目的研究成果，本书提出了集成 BIM 的施工安全管理理念与基本架构，进而从人、物、环境三方面系统阐述了安全事故预防方法与机制。在物的不安全状态识别方面，由设计—安全（Design for Safety）理念出发，通过对工程建设项目设计不安全因素的系统分类，即不安全的主体结构设计、不安全的临时设施设计和不安全的作业空间设计等，分别构建了设计安全规则，然后结合编码规则提出了 BIM 与安全规则的集成机制，进而构建了基于 BIM 和安全规则的设计不安全因素自动检测机制。在人的不安全行为控制方面，通过对施工现场工人不安全行为的综合分析，识别了不安全行为监控所需要的基本信息，即工人及机械设备位置信息、工人属性及装备信息、工人行为动作信息等，然后结合空间坐标系构建了 BIM 和定位技术的集成机制，进而提出了基于 BIM 和定位技术的工人不安全行为实时监测方法与机制。在环境不安全因素识别方面，通过对施工现场环境不安全因素的系统分类，建立了施工环境的安全规则体系，包括脚手架、洞口、基坑、塔吊等方面，进而提出了基于 BIM 和安全规则的施工环境不安全因素自动检测方法与机制。此外，本书介绍了工程设计不安全因素自动识别原型系统和施工工人不安全行为实时监控预警原型系统，及其应用测试情况。测试结果表明，本书提出的基于 BIM 的施工事故预防方法与技术可以有效地发挥事故预警作用，相关系统具有较好的应用前景。

本书总结了作者多年来在 BIM 和施工安全管理研究与实践方面的经验，兼顾了理论与实践。因此，本书既适用于 BIM 相关领域的研究人员（包括大中院校、科研院所研究生和本科生），又适用于建筑业相关从业人员（包括政府、开发商、承建商等）、相关软件技术研发人员、咨询行业从业人员等。对于研究与开发人员，本书意在提供集成 BIM 的施工安全管理理念与系统开发思路；对于行业从业人员，本书意在提供 BIM 辅助施工安全管理的基本思路与方法。

在本书即将完成之际，衷心感谢清华大学 BIM 课题组所有成员对本研究的重要贡献，是他们的大力支持才使得本课题顺利完成。同时，感谢国家自然科学基金委（项目批准号：51208282）和清华大学（土水学院）—广联达软件股份有限公司 BIM 联合研究中心的资助与支持，使得本课题研究工作顺利开展。

我们真诚希望本书的出版能为业界在施工安全管理状况改善和 BIM 拓展应用等方面提供有益的参考。

本书为研究成果与实践经验的总结，作者一家之言，难免存在值得商榷之处，欢迎广大读者提出宝贵意见！

目　录

第1章　绪论

第2章　集成 BIM 的施工安全管理理念

第3章 BIM与不安全设计因素识别

第4章　BIM 与现场工人不安全行为监测

第5章　BIM 与现场不安全环境因素识别

第6章　集成BIM的施工安全管理平台

　　人的生命与健康是经济社会发展的基础和目标，离开了人，经济发展将失去其动力和意义。因此，在经济社会发展过程中，最不应该忽视的就是人的生命和健康。然而，在世界范围内，职业安全与健康状况不容乐观，建筑业作为高危行业之一，其安全形势更加严峻。

　　施工现场作为生产因素（如工人、机械和材料）的聚集地，具有规模庞大、环境复杂、作业动态、项目唯一等特点，涉及多工种综合交叉作业以及大型机械设备的现场操作等活动，且存在大量的露天作业和高空作业。传统的施工现场管理方式，既难以对现场资源调度进行有效合理的安排，也难以对现场做到全面的监测和控制。这都使施工现场常常存在大量的安全隐患，因而安全生产事故也频繁发生。近年来，由于经济发展和城市建设的需要，建筑业发展也随之突飞猛进，投入产出量迅速增长。施工安全事故，不仅造成了巨大的经济损失，也对社会稳定产生了严重的负面影响。因此，加强建筑业安全管理，提高建筑业安全生产水平至关重要。

1.1　建筑业安全现状

　　职业安全与健康已经成为业界和学术界共同关注的热点问题之一。根据国际劳工组织数据，全球平均每 15 秒就发生 153 起职业事故，有 1 名工人死于职业事故或者疾病，即每年发生超过 3.17 亿起职业事故，超过 230 万名工人死于职业事故或者疾病。这些事故在引起伤亡的同时，也带来巨大的社会影响和经济损失。据统计，全球每年因职业安全与健康管理不当造成的损失占全球国民生产总值的 4%。

作为高危行业之一，建筑业安全问题形势非常严峻。从世界范围看，建筑工
人现场受伤概率比其他行业工人高 1 倍，死亡概率比其他行业工人高 2 倍。在美
国和英国等发达国家，安全管理水平较高，但其建筑业工人的事故率和死亡率也
高于多数行业。图 1-1 为美国 2014 年各行业致死事故伤害数量统计图。建筑业
致死数量最多，事故死亡率也位居前列；在英国，建筑业近 3 年的平均事故率也
处于较高水平，如图 1-2 所示。

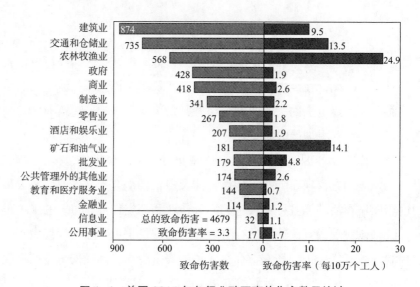

图 1-1　美国 2014 年各行业致死事故伤害数量统计

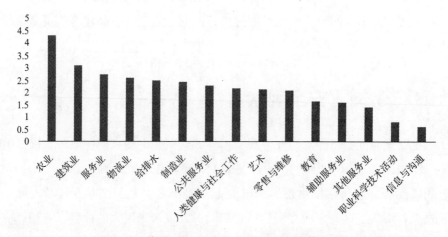

图 1-2　英国 2012~2014 年各行业事故率平均值

中国在改革开放和城镇化迅速发展的趋势下，建筑业总体规模飞速增长，从业人员逐年增加，但尚未形成完善的安全管理制度与措施，建筑业安全形势更加严峻。根据国家安全生产监督管理总局的统计数据，自2011年以来中国建筑业年死亡人数已超过采矿业，成为中国最危险的行业。图1-3为1998~2011年我国建筑业施工安全事故情况统计。尽管施工安全事故的发生数量和死亡人数在近年已有所减少，但仍然处在一个较高的水平。因此，如何做好施工安全管理工作，提高施工安全管理水平，确保施工的安全进行，长期以来受到业界及学术界的广泛关注。

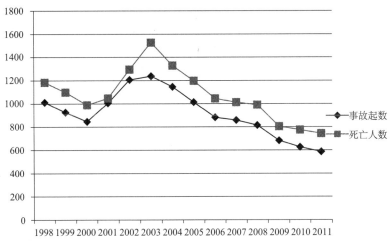

图1-3 中国1998~2011年建筑业施工安全事故情况统计

1.2 施工安全管理概述

安全管理滞后于生产力发展也是建筑业成为高危行业的一个重要原因。现代安全管理观点认为，一切安全事故都可以通过有效的安全管理方法和手段进行预防。因此，欲改善建筑业安全现状，降低施工现场事故率和死亡率，寻找有效的安全管理方法和手段至关重要。

1.2.1 安全管理概念

安全管理是以保护工人生命安全、预防事故发生为目的而采取的一系列针对工人、物质和环境的法律、体制和组织方法与措施。在实际安全管理的研究与实践中，通常以已有安全事故资料为依据，对现有事故成因进行分析，总结事故规律和预防经验，从而指导安全生产。

在事故分析与总结方面，根据《企业职工伤亡事故分类标准》GB 6441—1986[1]，施工安全事故的常见类型包括高空坠落、物体打击、坍塌、触电等。根据2004~2012年对我国建筑施工事故主要类型统计，高空坠落、坍塌、物体打击、机械伤害、触电伤害的分布平均值分别为49.17%、16.09%、12.37%、7.2%、5.31%，五种类型事故的发生率占重大事故总起数的87%以上，超过总死亡人数的90%，是事故预防的重点。

1. 高处坠落

高处坠落事故的发生是由在高处施工过程中发生了不安全的意外行为等导致的。根据《高处作业分级》的定义，施工时作业面具有一定的坠落高度，并且可能发生坠落事故的施工作业称为高处作业。由于高处作业而导致的坠落事故则称为高处坠落事故。

2. 物体打击

物体打击是指施工现场的物体在受到外界力量或者在自身惯性作用下对现场人员造成的物理打击。物体打击在建筑施工现场发生的概率相对较高，通常造成的人身伤亡事故也较为严重，可能造成单人的伤亡事故，也可能造成群体性的伤亡事故。

3. 机械伤害

机械伤害指的是施工现场的机械、设备等在作业和运转的时候，由于其强大的动能对作业人员或者机械设备之间造成的物理伤害。机械伤害事故涵盖的范围非常大，凡是由于施工现场的机械设备对作业人员或者其他机械设备造成的物理伤害，都可以包含到机械伤害里。具体机械设备包括：运输机械、装载机械、掘进机械、钻探机械和其他的转动或传动设备等。

4. 坍塌

在建筑工程施工行业，坍塌事故主要发生在基坑、基槽、坑洞、模板支架以及一些竖向设施中。当基坑和基槽处于开挖和施工阶段时，支护的不合理导致土体的稳定性不足容易引起基坑坍塌事故。同时，由于天气的原因如下雨后没有及时排水，或者基坑边缘堆放了超过规定的重量物品时，土体也可能造成坍塌事故。

涉及坑洞的坍塌事故主要发生在隧道、暗挖等施工作业中，如地铁施工等。竖向设施在建筑施工过程中的表现形式主要是建筑物外围的脚手架等，如脚手架搭建或者拆除过程中的施工工序不合理而导致的脚手架坍塌事故等。

5. 触电伤害

触电伤害是指人体通过直接或者间接的方式接触到电源或者带电物体而造成的人身伤亡事故。由于行业的特点，在施工现场存在着大量的电线或者其他的电源，如发电机等，同时施工现场的材料如钢筋、钢管、钢板等都是导电物体。当作业人员在施工作业时，极有可能直接接触到这些电线或者电源，或者由于钢筋、钢板等的接触到电线而造成触电事故。因此，对于施工现场电线或电源的管理在预防触电伤害事故中是非常重要的。

由上述对主要事故类型的描述可以看出，施工事故的原因包括三方面：工人、物质和环境，三者共同构成了安全系统的三要素。其中，工人因素主要是指工人的不安全行为，受到工人生理、心理、行为等自然属性，以及意识、态度、文化等社会属性的影响；物质因素主要是指物的不安全状态，包括机器、工具、设施、设备等存在的安全隐患；环境因素包括自然环境、现场环境等。工人、物质和环境等因素的相互作用，致使安全事故发生。

从安全系统的角度考虑，安全管理就是通过控制人、物（机）、环境三要素，以及协调人机、人环、人机环关系，实现安全系统的优化和安全水平的最大化。在施工现场，工人的不安全行为是施工现场事故发生的主要原因，如未佩戴安全防护措施或佩戴方法不正确、进入不安全区域、动作不规范等；物的不安全状态包括具有安全隐患的机械、设备和脚手架等临时设施的不安全现状；不安全的环境指工人作业所处的具体环境存在安全隐患，作业环境的安全性受设计方案、施工方案、现场布置等多方面因素影响。因此，改善建筑业的安全管理水平，需从减少人的不安全行为、减少物的不安全状态、提升环境安全性入手。

1.2.2 安全管理方法

施工安全管理的最终目标是保证每个建筑工人的安全和健康。为了达到这个目标，从安全系统三要素出发，依据管理对象的不同将安全管理方法分为三类：针对人的管理，针对物的管理，针对环境的管理。

1. 针对人的管理

针对人的管理主要是对现场人员的不安全行为进行规范管理。人的不安全行为是事故发生的主要原因，研究表明，超过九成的安全事故是由人的不安全行为所导致的。因此，对施工现场工人不安全行为实施有效的预防，加强对施工工人的安全管理至关重要。在建筑业的施工安全管理实践中，针对人的管理方法主要是安全培训和激励措施。

（1）安全教育和培训

安全教育和培训是预防人的不安全行为的常用方式。其中，安全教育注重的是人长期安全意识的培养，使工人从安全的角度出发进行行为决策；安全培训则注重在短期向工人传授安全生产技能，与安全教育相比，安全培训的内容范围更小、更为具体。安全教育和培训的内容包括：安全知识教育、安全技能教育和安全态度教育。

安全知识教育的目的是使人员掌握有关事故预防基本知识，了解在实际生产过程中可能遇到的危险以及预防和应对措施。安全技能教育则强调实践性，让工人通过实际操作将安全知识转化为安全技能，在实际生产过程中运用安全知识进行行为决策。安全态度教育是最重要的内容。虽然经过安全知识和技能教育，工人已经能够从理论和实践层面理解生产过程中可能遇到的危险，以及相应的预防、应对措施，但是在实际生产过程中工人是否能运用安全知识和技能教育中所学的内容指导自己的行为，则取决于工人本身的心理活动。安全知识和安全技能教育只能在真实施工过程开始前对工人进行预防教育，但是在实际生产过程中，无法控制工人在实际生产中的行为决策过程；而安全态度教育的目的就在于让工人自觉地在实际生产过程中运用安全知识和技能。

安全教育和培训的形式方法多种多样，较常用的有广告、演讲、讨论、竞赛、多媒体和文艺演出。广告包括安全广告、标语、宣传画、标志、展览等形式。这些广告通常设立于现场较为醒目的位置，内容简洁醒目，起到提醒工人注意安全生产的作用。演讲包括教学、讲座等形式，其内容通常包括系统的安全生产知识介绍以及案例分析。可以丰富工人的安全知识，提升工人的安全意识。讨论包括现场事故分析讨论等，该方法强调工人在讨论过程中的自我教育。由于所学知识为工人自行分析的结论，因此工人掌握较好、印象深刻，在实际生产过程中也会多加运用。竞赛包括笔试、口试、技能竞赛等。竞赛通过成果激发工人学习的积极性，使工人自发地学习并掌握安全知识与技能。多媒体和文艺演出是指运用广播、电影、电视等方法向工人传授安全知识和技能。多媒体与传统纸质学习材料相比，具有表达直观、形式活泼、通俗易懂的特点。通过多媒体学习安全知识与技能，工人的印象更加深刻，学习热情更高。

（2）激励措施

激励是指组织通过设计适当的外部奖励形式和工作环境，以一定的行为规范和惩罚性措施，借助信息沟通，来激发、引导、保持组织成员的行为，从而有效地实现组织以及成员个人目标的系统活动。在施工安全管理方面所采用的激励方式，通常包括物质激励和精神激励两种。物质激励是指为了满足工人物质需求而进行的激励，如发放奖金、增加工资等；精神激励是指通过精神奖励激励员工的措施，如荣誉称号、提升职位等。在实际操作过程中，物质激励和精神激励往往是密切关联的，如当安全绩效表现优秀的工人工资增加时，工人除获得奖金外，高工资本身也可看作是个人作业高水平的体现，因此工人同时也获得了精神激励。物质激励往往可以带来精神激励，但是精神激励所带来的自我成就与满足感是物质激励无法替代的。

2. 针对物和环境的管理

除人的不安全行为之外，施工事故成因还包括物的不安全状态、不安全的环境因素以及人、物、环境之间的交互作用。物的不安全状态是指处于不安全状态的机械、设施、设备等；环境的不安全因素是指容易引发危险的环境要素，如未加护栏的深基坑、未加设防护措施的临边、洞口等。现有的施工现场物和环境的管理包括施工前的准备阶段和施工阶段。

（1）施工准备中的管理

虽然物的不安全状态和不安全的环境因素在施工生产过程中才得以表现，但是普遍与施工之前的工作存在联系，也就是说对物的不安全状态的控制需要考虑施工现场之前的影响因素。施工前的工作往往决定了施工过程中涉及的各种因素，包括施工设备、材料、机械等，同时由于设计方案决定着基槽开发、设备搭拆、场地布置等施工活动和工序，而这些施工活动还影响着脚手架、塔吊等临时措施的设计及构造，这些施工现场的临时措施又直接或间接导致高空坠落、物体打击、坍塌等施工伤害。因此，在施工前考虑施工现场的安全性十分必要。

在施工前进行物和环境安全管理的主要方法是进行危险源识别，并针对危险源制定相应的处理和应对措施。危险源识别是指根据已有的施工组织资料，判断容易发生危险的时段和地点。例如通过判断各项施工活动的空间需求，确保工人作业时有足够的施工作业面；通过检查施工计划，判断何时何地出现未防护的洞口和临边。危险源的应对是指针对危险源识别结果，添加危险源的处理和应对措施。例如根据识别出的洞口和临边以及相应的施工进度，判断在何时何地进行防护措施的安装和拆除工作等，形成安全作业计划。

（2）施工过程中的管理

在施工前准备阶段形成安全施工计划后，危险源的识别与应对工作并未结束。由于施工过程具有动态性和复杂性，施工现场的实际状况与施工计划往往不同，因此施工现场的危险源情况也可能与施工前制定的安全实施计划有出入。因此，在施工过程中，安全管理人员应继续进行危险源的识别以及处理工作。

危险源的识别包括总体识别和特殊危险源识别两部分。总体识别是指根据已有项目经验或者相关规定识别项目中普遍存在的危险源。例如对现场电力设备、交通状况、通风和照明等进行检查。特殊危险源识别是指根据项目施工特点，对施工过程中较为复杂的施工活动进行更为细致的危险源识别与分析工作。危险源的分析，需要对所有已经识别的作业危险进行记录。一旦危险源被识别出来，就应该对危险源的形成原因进行追溯和分析，寻找消除危险源的方法。危险源的处理包括危险源的消除和应对两种方式。危险源的消除是指在危险源被识别后，通过改善施工顺序、更改施工方法等方式消除危险源，属于预防措施；危险的应对是指针对某种危险源，当危险源转化为危险后，应该如何应对以降低危险带来的后果。

1.2.3　安全管理存在的问题

从全球各个国家的安全事故数据来看，虽然在建设项目施工中采取了包括安全检查、安全教育等诸多方法在内的安全管理措施，建筑业的安全形势仍然没有明显好转。可见，现有安全管理方法难以较好地解决施工安全管理过程中存在的诸多问题。下面通过分析前文中安全管理方法存在的问题和缺陷，剖析问题的根源。

1. 针对人的不安全行为管理存在的问题

尽管安全教育和培训是改善安全管理的有效手段之一，但目前普遍使用传统的授课方式，难以达到预期效果。该方法互动性差，不适用于操作性强的建筑业[2]，且缺少对工人安全培训效果进行检验的方法，因此无法在施工前让工人有效地接受安全生产的相关知识和技能。

现场监管是施工安全管理的核心内容。安监人员通过现场巡视的方式发现并记录违规操作行为。但施工现场面积较大，遮挡物较多，检查人员难以兼顾场地各个位置，而在现场配置多个检查人员则有可能干扰正常施工，且提高管理成本。其次，按照目前的检查方法，检查人员仅起到记录作用，对于视线范围内即将发生事故的工人只能采取口头警告的方式，难以有效地在事故链的最后一环阻止事故的发生。此外，目前的监控方法以纸质记录为主，存储、查找和分析都非常不便，不利于安全经验的积累和安全管理的改善，同时现有安全检查方法多以天为单位，实时性差[3]。

2. 针对物和环境的不安全因素管理存在的问题

在现有的建筑业安全管理实践中，主要通过制定安全计划和现场检查的方式对物的不安全状态和环境的不安全因素进行识别、分析、预防和控制。施工现场监管的局限性如上文所述，下面将详细阐述安全计划工作面临的问题。

现有的安全计划制定方法无法完全识别危险区域，这是事故发生的根本原因之一[4]，在项目早期，尤其是设计阶段进行危险区域的识别和消除可显著降低安全管理成本，提高安全管理效果[5, 6]。传统方法是通过项目团队会议识别项目潜在风险，其以二维图纸和施工进度计划为基础，安全计划人员只能根据已有安全经验或规范，想象施工过程中的难点和问题。但不同项目的施工环境差异较大，已有项目经验不可能完全适应于新项目；且施工过程涉及多项工作，具有复杂、动态的特征，仅凭头脑想象很难详细全面地考虑到施工过程中可能出现的安全问题。此外，单纯依靠人力进行危险区域判断具有一定主观性，不同安全管理人员可能对同一区域危险性产生完全不同的判断。

安全管理的主要内容是搜集来自各处的信息，通过对信息分析找到安全隐患，在施工前与施工过程中对安全隐患进行预防。传统安全管理方法的问题根源可追溯到信息的管理不善，如图1-4所示。

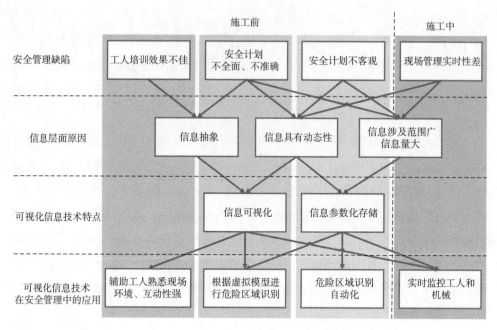

图1-4 BIM辅助施工安全管理原理图

上述安全管理问题信息层面的原因包括：

（1）信息涉及范围广，信息量大：安全管理信息涉及业主、项目经理、安全管理专员、设计人员、现场工人，以及建筑及其各个构件信息、现场布置信息和进度信息等，信息量大，成分复杂。管理人员难以依据已有信息准确、全面地构建现场情境，因此现有方法仅依靠管理人员的个人经验，这就导致安全计划具有一定的主观性，难以保证其有效性。

（2）信息具有动态性：安全管理涉及对现场工人与机械的管理。工人和机械处于运动状态，因此安全管理涉及的信息不仅在静态上具有范围大、数量多的特点，在动态层面还涉及工人和机械的作业行为，管理难度更大。动态信息在施工前的计划和现场监控阶段增加了安全管理的难度。在施工前的计划中，安全管理人员不仅要构想出现场静态模型，还需对工人和机械可能出现的位置进行预测；在现场监控阶段，安全管理人员需要获取并分析实时现场信息，仅依靠人力难以保证信息的实时性。

（3）信息抽象：安全管理计划和工人安全培训是安全管理的重要内容。安全管理计划是指在施工前识别现场危险区域的位置以及持续时间，根据上述内容确定防护措施或者警示标识的安装位置以及安装与拆除时间。这一过程需要在施工前对施工现场环境进行模拟,但施工现场环境复杂,单纯依靠人脑想象和已有经验难以全面准确地预测现场作业环境,导致危险区域识别不及时,引发安全事故。现有工人安全培训方法多通过课堂讲授的方式向工人讲解知识,互动性不强,工人学习积极性不高,因此培训效果不理想。

为解决上述问题,已有研究提出运用建筑信息模型(Building Information Modeling,BIM)辅助施工安全管理(图1-4),即充分利用 BIM 良好的信息存储能力和可视化能力,集成管理相关施工数据,并全面、准确、直观地呈现施工现场环境(包括工人、材料、机械、主体建筑和临时设施等),以支撑施工安全管理。

1.3 BIM 应用现状

1.3.1 BIM 简介

BIM 概念是由美国佐治亚理工学院建筑与计算机专业的查克·伊斯曼(Chuck Eastman)博士于 20 世纪 70 年代提出——BIM 是一个设施物理特性和功能特性的数字化表达,它作为该设施相关信息共享的知识资源,为该设施从概念设计至拆除的全寿命周期过程中的所有决策提供可靠的依据[7]。学术界对于 BIM 的概念有很多种不同的阐释,虽然定义并不完全统一,但总的来讲,BIM 是一种信息化的理念,即应用和维持一个数字化的载体,这个载体包括建筑全生命周期各阶段的全部数据信息,既有几何图形信息也有非几何图形信息。

BIM 具有以下基本特征[8]:

1. 可视化

可视化是指将建筑项目实体进行可视化表达,即通过三维建模的方式展现建筑项目的构造,且贯穿于项目的整个生命周期。可视化是 BIM 最基本的特征,这与传统的建筑信息管理与表达方式有较大不同。例如,传统上,设计与施工主要基于二维图纸,设计人员采用计算机辅助制图(Computer-Aided Design,CAD)或手工制图的方式来表现建筑的信息,施工人员同样基于细化的二维施工图纸来指导施工;而 BIM 的思想则突破了传统的思维模式,将建筑实体信息形象地表达出来,用于指导设计与施工。可视化的表达方式极大地提高了项目参与人

11

员对项目本身的认知能力，从而提高建筑项目各阶段的操作效率。

2. 集成化

信息高度集成是 BIM 的另一个基本特征。BIM 的实施不仅集成了建筑项目的空间几何信息，而且集成了与项目相关的生命周期内其他信息，这就打破了传统上的信息孤岛形式。传统上，不同专业设计（建筑、结构与机电）之间的信息相互孤立，与项目相关的属性信息（如材料、数量等）也无法与专业设计信息进行整合。另外，项目不同阶段的信息相互孤立，上下游信息无法有效共享，如设计阶段的大量信息仅以设计图纸的形式传递给施工阶段，这种传递是非完全传递，且设计的可建造性无法得到有效评估。基于 BIM 的信息集成，一方面为各专业参与方提供了协作与沟通的平台，另一方面为建筑生命周期各阶段的信息共享与应用提供了保障。

3. 参数化

参数化是指 BIM 建模及信息集成的参数化，是信息可视化和集成化的基础。如上所述，建筑信息涉及不同的专业，在设计信息变更中，如何保证信息的统一性与完整性至关重要。传统的基于二维图纸的信息表达方式无法满足这一需求，在设计变更时，设计人员不得不就某一变更涉及的所有设计图纸进行逐一修改，且工程量也需要重新计算，这难免产生设计错误或变更不统一，从而影响图纸的后期使用。BIM 的思想则是通过参数化建模实现信息的统一与完整。BIM 建模参数化不仅涉及建筑几何信息的参数化设置，而且包括与建筑相关的属性信息的参数化设置，如建筑构件修改时，会引起工程量清单的自动更新。

BIM 被认为是建筑业的第二次革命。BIM 模型利用数字建模技术，提高项目设计、建造和管理的效率。同时，通过促进项目周期各个阶段的知识共享，开展更加密切的合作，将设计、施工、运维等专业知识融为一体，打破不同专业参与方之间的协作与沟通壁垒，有利于改善对建筑项目生命周期的全过程管理，提供各参与方的参与程度和工作效率。

近年来，BIM 应用热潮已波及欧美、亚洲（特别是新加坡、日本、韩国、中国内地和中国香港地区）等。在美国，BIM 已经被整个建筑行业规范采纳，根据麦格劳–希尔建筑信息公司的调查结果，美国超过八成的 BIM 专家级用户认为 BIM 对提升公司生产力有非常积极的影响，超过七成的 BIM 用户表示 BIM 对他们内部项目的进程产生了影响。在中国香港，特区政府对 BIM 的推行力度较大，将应用 BIM 的要求加入到大型工程合同中，香港房屋署每年都在加大 BIM 在香港公屋建设中的应用广度和深度。在中国内地，政府、开发商、设计单位、承包商、咨询单位、行业协会、软件开发商、大学及科研机构等都在大力推行 BIM 理念和技术。根据《中国建筑施工行业信息化发展报告——BIM 深度应用与发展》（2015）[9]，BIM 在中国应用趋于多阶段、集成化、多角度、协同化、普及化，即从聚焦设计阶段应用向施工阶段深化应用延伸，从单业务应用向多业务集成应用转变，单纯技术应用向与项目管理集成应用转化，从单机应用向基于网络的多方协同应用转变，从标志性项目应用向一般项目应用延伸。目前，BIM 应用主要集中在建筑深化设计（包括冲突分析）、辅助招投标、施工过程模拟与管理等方面；应用项目类型涉及商业建筑（如商场、酒店）、写字楼、体育场馆、住宅、工业建筑、娱乐园等建筑工程项目，及公路、桥梁、隧道、地铁、海事工程等土木工程项目。

1.3.2　BIM 与设计

设计对建设项目的成功与否至关重要，因为该阶段确定了项目大多数主要信息，其直接影响到施工实施等。越是项目前期的工作，对项目的影响就越大，但是改进所消耗的成本就越小。相反，越是项目后期的工作，对项目的影响就越小，但是改进所需的成本却很高。因此，理想的工作流程是将工作尽量前置，建筑设计完成后，施工单位严格按照设计方案施工即可，无需设计师投入精力进行设计变更。但在实际工程中，设计方案往往无法完全指导施工过程，因为设计方案中总是或多或少地存在问题，或是不同专业的设计方案彼此冲突，或是某一专业的设计方案本身就有内容不一致之处。因此，即使项目进入施工阶段，设计师依然要频繁地更改设计。

协同设计（Collaborative Design）被认为是解决这些问题的有效方法，这在制造业中已经得到有效的实施和验证。协同设计是指基于信息技术平台，设计参与各方就同一设计目标进行实时沟通与协作。协同设计的主要目的是提高设计效率、减少或消除设计问题，这正是建筑设计追求的目标。因此，协同设计是建筑设计发展的方向。协同设计的实施以相关技术为前提，近年来面向协同设计的技术得到较高的重视和发展，特别是 Internet 技术的发展为协同设计实施提供了基础保障。目前，相关技术已由二维模式转向三维模式，而基于BIM的协同设计被认为是最具潜力的发展方向之一。在BIM的众多参与者中，设计师成为BIM最主要的推动者(图1-5)。通过使用BIM，设计师可与团队其他成员共享信息，降低设计难度，提高设计质量。

　　基于BIM的建筑设计可视化和参数化表达，一方面有助于设计人员直观分析或检测建筑项目设计的问题和性能，如检测建筑、结构和机电各专业设计之间的空间冲突，分析结构稳定性、建筑设计微环境或舒适度（如通风、采光、温度等）、建筑能耗（如碳排放）等，从而保证设计的可建造性，并提高设计的性能；另一方面，可以辅助业主、设计方、施工方等多方之间的沟通与协作，如设计方之间的协同设计、设计方与施工方之间的设计可建造性探讨，从而提高设计决策的效率和效果。另外，作为一个信息集成体，BIM模型可辅助工程量自动实时统计，这既可提高工程量统计的效率，又可提高工程量统计的精确度。

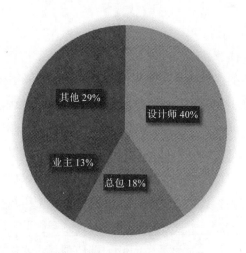

图1-5　BIM应用的动力来源

1.3.3　BIM 与施工

　　施工是将建筑设计变为真实建筑的过程，涉及大量的施工活动。在传统施工管理实践中，由于建筑工程施工具有工艺复杂和不可重复等特点，在施工过程中可能遇到的问题通常不能在施工计划中完全体现出来，导致实际施工阶段出现大量误工、返工现象，耽误工期，增加成本。如何确定适用的施工工艺、施工方法和施工进度计划，如何有效地组织施工活动和配置施工资源（包括材料、机械、人力资源等），这都直接关系到施工的成效。目前，建筑施工规划与管理主要依靠项目经理的经验。由于建筑项目的唯一性，项目经理很难针对一个新的建筑项目提出完善的施工方案，通常需要在施工过程中不断调整施工工序、方法等。这不仅影响施工的进度与成本，还会导致安全问题。

基于 BIM 模型，采用模拟技术可以实现虚拟环境下的施工方案模拟、分析与优化。一方面，模拟施工进度计划、施工工艺与工序、施工方法、资源调配等。通过形象的施工过程模拟，不断发现问题、解决问题，进而持续调整施工方案，直至获得适用的施工方案，并用于指导施工实践，从而保证施工的顺利进行，减少施工返工，提高施工效率和安全水平。另一方面，为业主、设计方、咨询方、总包和分包等提供有效的沟通与协作平台。基于 BIM 平台，各参与方可有效地讨论和解决施工中存在的问题，从而提高施工管理的效率。另外，采用 BIM 模型，并结合施工进度安排可分析材料需求计划情况、成本分布情况，从而用于指导材料采购与进场、辅助成本控制和工程款支付等。运用 BIM 技术可以显著地缩短施工工期，降低施工成本。

此外，BIM 与射频识别技术（Radio Frequency Identification，RFID）、互联网技术、地理信息系统（Geographic Information System，GIS）等技术的结合，还可以帮助其实现指导、记录、跟踪、分析作业现场各类活动的功能，从而为现场管理提供了准确和实时的数据，提高项目施工质量并减少失误。

1.3.4 BIM 与运营维护

运营维护是建筑生命周期中的重要环节，是保证建筑物正常使用的根本。运营维护周期长、成本高（占生命周期成本的 80% 以上），因此保证运营维护的有效性是十分重要的。

BIM 在建筑运营维护阶段的应用是 BIM 的重要功能之一，具体可分三部分，即辅助建筑物使用、辅助建筑物维修和辅助建筑物管理。竣工 BIM 模型集成建筑物本身及内部设备设施的信息，可为维修人员提供相关的基本信息，如建筑构配件材料信息、供应商信息等，也可辅助建筑物的管理，如设备信息登记、监控与维护等。同时，针对建筑物使用者（业主）的需求，竣工 BIM 模型可直观提供与建筑物有关的信息，如智能化设备设施信息、操作说明等，从而为业主使用相关设备设施提供支持。另外，BIM 模型结合模拟技术可对建筑维修方案和消防或紧急疏散方案进行模拟，从而分析相关方案的适用性，进而优化方案。

1.4 BIM 与施工安全管理

建筑业安全问题源于施工现场的复杂性与动态性。与制造业不同，建筑业产品的体积与复杂程度通常远大于普通制造业，施工现场环境随着施工进度不断变化。针对由此引起的上述安全管理问题，现有研究与实践运用 BIM 来辅助施工安全管理。从安全管理系统三要素的角度来看，BIM 可针对以下三个方面提高安全管理水平：

（1）提高施工前的工人安全培训效果，减少人的不安全行为；

（2）辅助施工前安全计划制定，减少物的不安全状态；

（3）辅助施工过程中的安全监控，减少施工现场不安全的环境因素。

1.4.1 BIM 辅助减少人的不安全行为

在减少人的不安全行为方面，BIM 技术主要应用于辅助改善安全教育和培训。施工前安全培训是提高安全管理水平的有效方法之一[10]，传统安全培训方法包括现场培训和非现场培训。现场培训效率低且可能干扰正常施工，非现场培训则缺乏实际操作的锻炼机会[11]。BIM 通过直观表达安全信息以及增强培训互动性的方式改善培训效果。

BIM 将二维图纸、施工方案等资料以可视化的方式展现，便于工人在进场前熟悉现场环境及作业方法。例如，文献 [12] 运用 BIM 对现场环境进行模拟，文献 [13] 运用 VR（Virtual Reality）技术建立施工现场虚拟模型。此外，安全培训内容往往涉及具体操作，文字表示不够直观、清晰，文献 [14] 在 BIM 模型的基础上将具体操作制作成动画，使培训知识直观且容易理解。

在提高安全培训的互动性方面，已有研究借鉴游戏技术，允许工人与 BIM 提供的虚拟环境进行互动，加深工人对操作性较强的安全知识的理解。文献 [15]

运用游戏技术辅助安全教育，在施工现场虚拟模型中加入工人危险行为的动画，让工人更加直观地了解不安全操作。但是，该系统的交互性不强，工人仍然是安全知识的被动接受者。为了增加安全培训系统的互动性，文献 [16] 在 BIM 模型中整合安全知识，当工人漫游至有危险区域时，屏幕上会显示安全知识。施工现场很多安全培训与具体操作有关；文献 [17] 允许工人通过鼠标、键盘和手柄等方式与虚拟模型互动，如通过手柄操作虚拟塔吊等，使工人通过实际互操作学习安全知识。

施工现场不同工人的工作可能存在协作关系或空间冲突，因此在培训阶段需考虑工人之间的沟通与协作。文献 [17] 建立基于网络的安全培训平台，用户在任意一台网络内部的电脑上都可登陆该平台进行安全培训，不同人员的操作将同时反映在该平台上，接受培训的工人之间可以通过该平台进行实时沟通，工人在安全培训阶段即可体验施工现场的动态环境，注重与其他工人的协调作业。

安全教育与培训的结果可用于分析工人的安全知识掌握情况，指导施工过程中对工人的安全管理，并为以后的安全管理提供经验。例如，文献 [18] 建立了基于定位技术和 BIM 的实时安全教育监测反馈系统。该系统首先模仿施工现场实际情况搭建了室内教育环境，工人在该环境中进行操作活动，当出现违规时将收到警报信号，其违规行为将被记录。在该系统的帮助下，安全培训人员可以在 BIM 模型中可视化地观察现场人员的违规情况，并根据违规记录判断工人安全知识的学习情况，指导下一步安全培训及现场管理。

综上，在安全培训时，BIM 将传统文字与二维图纸的信息整合并以可视化的三维模型方式呈现，协助工人更好地熟悉现场环境，同时结合游戏技术允许工人在虚拟施工环境中进行施工操作，并可以相互配合与协作。另外，由于上述工作均在培训系统上完成，因此工人安全培训的过程和结果将完全被记录下来，用于协助后续安全管理。

然而，上述研究多集中于施工前对工人的安全培训方面，针对施工过程中工人不安全行为管理的研究与实践目前还相对较少。根据 Reason 的事故致因模型，安全管理体系通过设置多项预防措施防止事故发生，如对工人进行安全培训，制定安全施工计划等。当各层屏障均出现漏洞，且恰好一名工人的行为通过这些漏洞躲过了屏障，就会引发安全事故 [19]。各阶段安全管理的水平都对降低事故率有重要作用，但作为预防事故出现的最后一道屏障，现场安全监控尤为重要。目前现场安全监控以检察人员现场巡视和手动记录为主，无法对施工场地内部全体工人作业进行实时安全检查、警报和记录。完善的 BIM 信息具有完备的、准确的、实时的施工生产信息，在辅助现场工人不安全行为管理方面具有较大的应用潜力。

1.4.2　BIM 辅助减少物及环境的不安全状态

物的不安全状态和不安全的环境因素是指导致事故发生的物质条件，多是因客观物质不符合要求而引起安全事故。由于施工现场的机械设备复杂、交叉作业多，所以工作环境不确定性大，行业内当前缺少针对性的安全预防机制和技术，进而导致对物与环境的不安全状态方面控制效率较低。文献 [20] 指出事故是由于人的不安全行为的运动轨迹与处于不安全状态的物相交所致，而文献 [21] 在 88 例建筑施工伤害事故的 455 个因素分析中得出，物以及环境的不安全状态占将近 27%，这其中不包括导致不安全行为的不安全状态。可见物及环境的不安全状态对事故发生的潜在影响不容忽视，控制其发展，对预防、消除事故有直接的现实意义，是减少事故的必要条件。

结合 BIM 模型的可视化功能，安全管理人员可以在施工前直观、全面、准确地获取虚拟现场信息，进行危险区域的识别与管理。危险区域识别是指根据施工图纸、进度计划等空间、时间信息，识别现场在施工过程中可能发生危险的区域；危险区域管理是在施工前制定安全计划，通过对危险区域进行危险程度评价、加设防护措施或警示标识等方式，在施工前消除现场可能出现的危险因素。

1. 危险区域识别

传统危险区域识别不全面、不准确、不客观。为解决上述问题，已有研究提出运用 BIM 辅助识别危险区域。如文献 [22] 将二维图纸立体化，协助安全会议的各参与方进行危险识别；文献 [23] 通过基于虚拟原型技术的施工过程建模仿真，不仅可以让管理人员通过漫游虚拟施工环境识别不安全因素，还可以实现对作业人员的安全培训；文献 [24] 将 BIM 技术用于施工过程规划，进而识别潜在的施工安全问题。但这些方法只是改变了现场环境和危险区域的表达方式，其本质仍然是人工识别危险区域，仍然存在危险区域识别不全面不准确的问题。BIM 辅助危险区域识别的真正优势在于其可以整合施工现场的各方信息，将上述信息与安全规范和工程经验进行比对即可实现对危险区域的主动识别 [25]。

施工安全计划的主要内容之一是冲突检测。冲突是指两项工作同时同地进行，原因是施工计划安排不当，这可通过修改施工方法、调整施工进度等方法消除[26, 27]。运用 BIM 分析各项工作的空间需求，并将各项工作的空间占用与施工计划对应，避免空间占用有冲突的活动。文献 [28] 从 4D-BIM 模型中提取施工对象尺寸、材料储存空间尺寸、施工段划分等信息，根据实际空间需求更加准确地检查施工空间冲突区域；文献 [15] 将 4D 技术用于施工安全规划，辅助识别施工过程中潜在的危险因素。此外，针对施工机械碰撞，已有研究运用边界模型（Boundary Boxes）表示机械最大活动范围[29 ~ 31]，通过分析盒子模型与环境的冲突检查是否出现机械打击。但边界模型方法在排除碰撞隐患的同时，也增加了误报的概率。

洞口和临边等危险区域无法在施工计划中进行消除，只能通过增设安全防护措施防止隐患发展为事故。此类危险区域一般以安全规则为识别依据，其思路是将安全规则和工程经验转化为机读语言[32]，将安全信息中关于危险区域的定义、要求和防护措施与模型中构件的名称、属性和周边环境进行匹配，若相应构件的属性或周围环境不符合安全生产条件要求，即认定为危险区域[33 ~ 35]。此外，针对施工过程中结构不稳定因素，文献 [30] 运用 4D（Four-dimensional）CAD、BIM 和结构分析软件对施工过程中的结构稳定性进行分析，预估施工过程中结构容易发生坍塌的位置和时间。

2. 危险区域管理

危险区域管理内容包括对危险区域信息进行评价和消除。评价是指根据危险程度对危险区域进行分类。BIM 可以将危险程度的评价结果在模型中通过不同的颜色表达，便于管理[36]，还可发挥其数据存储和集成的优势，自动评价危险区域。危险区域的消除是指通过加设防护措施或警示标识等措施消除该区域的危险性。文献 [37] 以护栏或脚手架为例，结合进度计划和安全规则分析防护措施的安装和拆除时间、位置，并在 BIM 模型中实现自动安全防护措施布置，极大地降低了制定安全计划的任务量和工作难度；文献 [38] 利用 BIM 和安全规则实现脚手架的安装计划及其可视化，协助管理者识别安装过程隐患。

综上，在危险区域识别和管理方面，BIM 集成项目信息、安全规则和安全经验，通过分析活动的时间、空间占用情况，寻找现场活动安排冲突；通过对比现场环境与安全规则找到需要加设防护的区域，并自动增加防护等措施，为安全计划的制定提供了基础。但主要集中在某一特定方面或场景下，还缺少较为系统的解决方案，以有效利用 BIM 辅助减少物和环境的不安全因素。

针对施工安全管理的实际需求，本书提出基于 BIM 的施工安全管理综合解决方案，以满足施工前和施工中对人、物和环境等全要素的有效管理，提高建筑业的安全管理水平。

1.5 本书内容提要

第 1 章：主要介绍当前建筑业安全管理现状。系统分析当前建筑业安全管理现状、BIM 的应用现状，以及 BIM 辅助安全管理的研究与实践情况。

第 2 章：主要介绍集成 BIM 的施工安全管理理念。结合 BIM 的优势和现有安全管理问题，提出运用 BIM 改善安全管理的整体思路及理论架构。

第 3 章：主要介绍在设计阶段如何运用 BIM 自动识别设计危险因素。首先进行设计—安全理念及不安全设计因素分类，然后定义和构建设计安全规则，进而提出基于 BIM 和安全规则的不安全设计因素自动识别方法。

第 4 章：重点介绍如何运用 BIM 和定位技术辅助进行不安全行为的监控。首先对施工不安全行为进行分类，基于此分析各类不安全行为监控的信息需求，然后提出基于 BIM 和定位技术的不安全行为自动监控方法。

第 5 章：重点介绍如何运用 BIM 辅助施工现场不安全环境因素的识别。首先对现场不安全环境因素进行分类，基于此为各类不安全环境因素建立安全规则，然后提出基于 BIM 和安全规则的不安全环境因素的自动识别方法。

第 6 章：介绍如何实现上述基于 BIM 的施工安全管理平台。重点介绍基于 BIM 和安全规则的不安全设计因素自动识别系统，以及基于 BIM 和定位技术的工人不安全行为实时监控系统。

第 2 章
集成 BIM 的施工安全管理理念

尽管将 BIM 技术引入施工安全管理领域已得到行业认可，并取得了一定进展，但还缺少系统的解决方案。本章针对施工安全管理三要素——人的不安全行为、物的不安全状态和不安全的环境，充分结合 BIM 的特点阐述集成 BIM 的施工安全管理理念与架构。

2.1 施工安全管理内容及特点

施工安全管理涉及大量复杂、动态的现场信息，现有安全管理方式主要依据传统的二维图纸、施工方案等信息，并结合个人管理经验来实施，难以实现各阶段各要素信息的有效集成管理与系统分析。表 2-1 展示了当前施工安全管理的主要内容，包括施工前的人员安全教育与培训、设备设施检查与维修、安全隐患识别与计划制定等，以及施工中的现场监督和检查等。因此，传统施工安全管理的有效实施通常需要巨大的时间成本和人力成本投入。

施工安全管理主要内容 表2-1

管理三要素 施工阶段	人的不安全行为	物的不安全状态	环境的不安全因素
施工前	安全教育与培训	设备设施检查与维修	安全隐患识别与防护措施和计划制定
施工中	现场监督	现场定期检查	现场定期检查

在传统的安全管理中，上述各项安全管理内容是相互独立的，但各阶段、各

要素的安全管理之间又存在密切的联系，如图 2-1 所示。由安全管理内容的关联性可以看出，施工安全管理具有三方面的特点：跨阶段、跨专业和跨因素。

2.1.1 跨阶段

跨阶段是指施工前的安全管理成果会对施工中的安全管理成效产生直接影响。

1. 环境不安全因素的跨阶段管理

如果施工前能将环境中的不安全因素有效识别出来，并通过制定合理的安全管理计划消除或减少不安全因素，那么在施工阶段现场危险源数量就会大幅度减少，从而减轻施工现场安全监管的工作量，并有效预防施工安全事故。这与项目管理理论一致，项目管理的经典观点是：越是项目早期的工作，所需的资源越少，但是对整个项目的影响却越大。在施工前的设计阶段就考虑不安全环境因素的识别和处理，与在施工现场进行安全检查并采取补救措施相比，投入的时间、成本、人力等资源数量明显较少，但却可以更有效地减少危险源及安全事故。

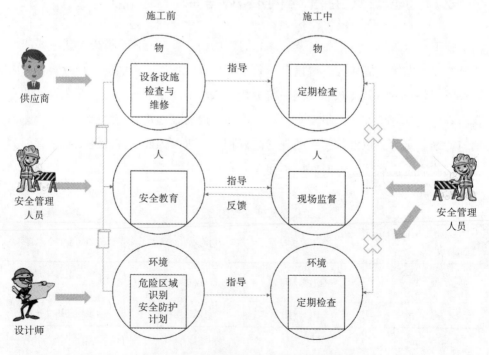

图 2-1　施工安全管理各项内容关系图

2. 工人不安全行为的跨阶段管理

施工前针对工人不安全行为的管理主要是通过安全教育和培训来实施,而施工中管理工人不安全行为的主要方式是安全管理人员现场监督。施工前安全教育和培训的成果直接影响到施工过程中工人对现场各类安全因素的判断及其行为决策,进而影响现场监管的难度。此外,安全培训还可以筛选出安全培训效果较不理想的工人,这些工人应该是施工现场安全监管的重点对象;施工现场安全监管的总结和经验也可以指导下一阶段的安全教育和培训。例如,施工现场工人易发生的安全问题、发生危险行为工人的共同特征等。

3. 物的不安全状态的跨阶段管理

施工前对物的不安全状态的管理主要是确保进场设备设施的安全性;施工中则需对这些设备设施进行定期安全检查以及维护,确保其在工作状态时的安全性。同理,施工前对物的不安全状态的管理,也会影响施工过程中对物的不安全状态的管理。例如,如果施工前能确保所有进场的设备设施均处于较好的安全状态,并将设备设施的安全管理注意事项在进场前对现场安全管理人员进行有效交底,那么施工现场安全管理难度将大大降低,安全成效也将显著提升。

2.1.2　跨专业

传统的施工安全管理,通常由安全管理人员根据安全理论和相关规范负责计划制定和实施。事实上,根据安全管理的实际内容需求,安全管理同成本、进度和质量管理一样,需要多方协同。例如,施工前确保设备设施的安全性应由设备设施供应商或租赁商负责,对危险区域进行识别和消除应该由工程设计部门负责。同时,设备设施的安全性能和施工现场的危险环境因素,也是工人安全培训以及施工阶段安全管理的重要资料,应该由设备供应商和设计师即时向安全管理人员进行交底。但是,目前项目管理还处于分阶段分专业管理的模式,在传统管理模式下,难以实现安全管理的跨专业协作。

2.1.3　跨因素

根据安全管理理论,安全系统由三大要素构成,包括人、物和环境。在施工安全领域，这三大要素也具有紧密联系。由于安全管理最终目标是减少对工人的伤害，因此将以人为主体分析因素之间的关联联系。在施工之前，对工人进行安全教育和培训，往往需要结合物的不安全状态和环境中的不安全因素。在当前的安全管理实践中，安全教育和培训采用的是对以往项目中较为典型的物和环境不安全状态或因素的总结与归纳，来源多为安全规范和教科书。优点是结论经典，试用范围广；缺点是不完全适用于建设工程项目，特别是特殊类型项目。例如，某些特殊项目具有特殊的结构形式，或者需要采用特殊的施工工艺、工法或机械设备、设施，在这种状况下对工人进行培训则需结合当前项目的具体情况。然而，由于项目的设计资料、施工计划等在施工前难以有效直观表达，且由于项目各专业部门之间协同程度不高，导致结合具体项目实际情况进行安全教育和培训的方法难以实现。

在施工阶段，对人的安全管理集中在监督工人的作业行为，防止其不安全行为发生或者转变为安全事故。这其中一项重要工作就是让现场工人认知施工现场处于危险状态的物体或者环境因素。因此，施工现场的安全管理人员不仅要熟悉各项针对工人不安全行为的规章制度，同时还需要掌握现场设备设施的状态和环境因素。然而，由于安全成本的控制，为节约人力成本，施工现场安全管理人员数目较少，难以支撑上述管理活动。

2.2 协同安全管理关键问题

安全管理本质上需要多阶段、多部门的持续共同努力，传统分阶段、分专业安全管理方式难以充分发挥作用。因此，安全管理方式应该从传统方式转变为多阶段、多参与方的协同管理方式。为了实现协同式的施工安全管理，需要思考如下四个方面问题：

2.2.1 项目信息采集

安全管理需要大量工程项目现场信息的支撑。施工前需要的信息包括：供应商提供的设备设施信息、设计师提供的危险环境因素信息，以及工程师提供的施工方法、进度计划信息；施工中需要的信息包括：现场工人的行为、设备设施和各环境因素的安全状态，其中设备设施和环境因素部分信息可从当天的施工计划和相应的安全计划中获取，但是工人的行为状态和其他信息需要现场实时采集。现场环境、设备设施和工人行为信息具有实时性和动态性，有限的施工现场安全管理人员难以即时对此类信息进行有效的采集和监控，而过多的管理人员将带来巨大的人力成本，且施工现场人数过多本身也是一种安全隐患。因此，如何有效实时采集现场作业动态信息至关重要。

2.2.2　项目信息集成

有效的安全管理需要集成大量工程信息，如设备设施、施工计划、现场环境以及工人行为信息等。尤其是在施工阶段，施工现场的安全管理人员不仅要及时获取上述信息，同时还需要对这些信息进行处理和分析，但仅仅依靠人力难以完成。因此，如何有效地集成管理和分析相关信息值得关注。

2.2.3　项目信息流动

如图 2-1 所示，多阶段、协同式的安全管理涉及大量信息流动。例如，设备设施供应商需要将产品信息传达给安全管理人员，设计师需要将识别出的危险环境因素告之相应的安全管理人员。此外，施工现场还存在从施工前向施工中过渡的信息交接需求。可见，施工安全管理具有大量的信息流动现象，且流动的信息必须是最新版本的信息。例如，如果设计师交给安全管理人员的并非最新设计信息，那么现场实际状况就会与安全计划产生差异。在对工人进行安全培训时，安全管理人员无法把本该提醒工人注意的危险环境因素传达给工人；在施工现场，那些本该引起安全管理人员重视的环境因素，也因此被认为是安全区域。可见，在某种程度上，上述问题的出现比传统依据经验和规范进行安全管理更加严重。因此，有必要深入思考信息快速流动的问题。

2.2.4　多专业部门协同

上述项目信息收集、集成和流动问题的本质，除技术层面原因外，还包括组织层面的原因。因为当前建设项目管理的方式就是各阶段、各专业相对独立的工作方式，在这样的组织结构中，很难实现安全管理的协同实施。因此，如何打通各阶段、各部门之间的沟通壁垒是需要解决的问题。

2.3　集成 BIM 的施工安全管理思想

BIM 的出现为解决上述问题提供了新的思考空间。BIM 具有信息集成与可视化的优势，便于对项目信息进行存储、管理和分析，促进项目管理从传统的二维、专业分离的方式转变为数字化的、协同的工作方式，提高建设项目管理水平。因此，BIM 改善信息管理、促进协同工作的两大优势，可为解决上述协同安全管理问题提供支撑。

首先是信息的集成、流动和有效性问题。BIM 本身具有施工现场管理所需要的设计、施工相关信息，同时还可集成其他有用的项目信息，包括设备设施信息等。因此，在施工前，供应商可将产品信息及相关的安全管理说明导入 BIM 模型中；设计师可以直接利用 BIM 模型进行设计，并且将 BIM 中的空间数据与安全管理相关规定进行对比，运用 BIM 进行不安全环境因素的自动识别。在信息更新方面，各专业的设计变动都会落实到 BIM 模型中。因此，安全管理人员通过查看 BIM 模型就可以获得安全管理所需的信息，有效地避免了因为信息传递产生的问题。

其次，在工作方式方面，BIM 模型本身就是一个集成了各个专业设计信息的模型，因此当一处设计发生变更并对其他专业设计产生影响时，BIM 可以直接予以警示（如碰撞检查），这本身就督促各专业人员要重视与其他专业管理人员的密切配合。此外，作为项目的最终使用者和各专业人员的服务对象，业主对项目具有较大的话语权。在传统生产方式中，业主被排除在外的一个主要原因是业主通常不具备专业知识，而在 BIM 模型辅助下，业主可以有效地了解项目的设计方案和施工方案，在出现疑问时咨询相应的专业设计人员，这同样有利于各专业的协同工作。在安全管理领域，BIM 模型通过集成各专业的设计信息，存储了项目建设所需的全部信息，一旦出现问题，安全管理人员可以及时咨询相关人员；或者设计人员和管理人员在进行设计工作以及施工规划时，就可与安全管理人员一起进行基于 BIM 的协同工作，在设计和规划阶段就考虑安全问题，降低后期安全管理的工作量和成本，提高安全管理成效。此外，在工人安全培训中，培训人员可通过 BIM 模型直接获得施工现场的环境信息和设备设施信息，结合可视

26

化的 BIM 模型，可以向工人更直观、清晰地展示开工后施工现场的情况以及施工时应该注意的环境因素和设备设施安全使用方法。

最后是数据信息的采集问题。在施工现场，实时掌握施工现场工人、物体、环境的状态是实施有效安全管理的基础，但由于上述信息具有动态性和复杂性，因此仅仅依靠有限的安全管理的人力投入难以获取。BIM 模型的一大优势是可以将安全检查的结果存储在模型中，因此通过与其他传感技术（如定位技术）的有效集成，可以解决施工现场物体和环境状态信息的获取和存储问题。例如，以 BIM 为基础建立施工安全事故预警平台，平台内存储有施工前识别出的危险环境因素信息，并根据施工现场安全检查结果不断更新；同时将定位技术获取的工人位置信息传输至平台，计算工人到危险因素的距离，即可判断工人目前是否安全。

因此，在建设项目安全管理领域应用 BIM 技术，可以有效解决现有安全管理中面临的信息获取、传输和更新问题，促进安全管理多阶段、多专业的协同工作。

2.4　集成 BIM 的施工安全管理理论架构

基于上述思路，针对施工安全管理面临人、物和环境信息不及时、不全面，以及安全管理各阶段、各因素难以集成的问题，本书提出基于 BIM 的施工安全管理理论架构，如图 2-2 所示。结合 BIM 和计算机等信息技术，实现对安全管理系统三要素的有效管控。

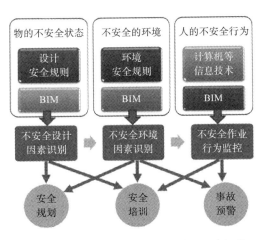

图 2-2　基于 BIM 的施工安全管理理论架构

（1）根据工程检验和设计安全规则，结合 BIM 模型自动识别和标注设计本身存在的不安全因素，涉及临时设施（如脚手架）结构稳定性、临边、洞口等。施工前可辅助安全管理规划，以及现场人员安全培训，施工中可用于安全措施配置等。

（2）根据工程检验和环境安全规则，结合 BIM 模型自动识别和界定施工现场不安全区域。在施工前，一方面此模型可用于辅助工人安全培训，与传统方法相比，该方法具有直观且针对性强的特征，培训人员可以从 BIM 模型中直接认知施工中可能存在的危险环境因素及空间位置；另一方面可辅助安全管理人员的安全规划，更加直观、全面、深入。在施工中，可结合工人空间位置监测，实现安全预警。

（3）结合 BIM 模型和定位技术等实时监测并显示现场人员、机械等移动目标的空间位置。通过机械设备位置的实时监测，结合环境安全规则确定移动设备的安全影响区域；通过人员位置的实时监测，确定不同类型作业人员在现场的分布情况。同时，结合 BIM 技术将相关信息实时反映到虚拟现场中，再根据预警规则实现对不同类型人员空间安全的预警。

需要说明的是，在物和环境的不安全因素识别方面，运用 BIM 进行不安全设备设施和环境因素识别和管理的基础是建立相应不安全规则，并将规则参数化，转化为机读语言，实现危险因素的自动识别。

第 3 章
BIM 与不安全设计因素识别

与传统安全管理理念不同，设计因素作为影响施工安全的关键要素之一，已逐步得到认可与重视。本章将通过对现有文献的查阅，分析设计与施工安全的因果关系，即在设计阶段实施安全设计可更有效地减少施工事故，实施面向施工安全的设计（Design for Construction Safety，DFCS）理念对于控制物的不安全状态更具可行性，并分析目前 DFCS 理念实施方法与障碍；通过对不安全因素进行分类，分析规范、设计与施工安全三者的关系，从而梳理出规范的安全条款，并建立基于某种逻辑关系的安全规则（Safety Rule），即依据众多规范中与安全相关的条款建立安全规则；通过构建设计规则自动检查方法，实现基于安全规则和 BIM 的设计自动检查功能，从而自动识别设计相关的不安全因素，并将识别结果呈现给设计师和工程师，以便采取相应的安全措施。

3.1 面向施工安全的设计理念

3.1.1 设计与施工安全

在传统项目管理观念中，施工现场安全由承包商或施工方负责，其他干系人不承担施工现场的安全责任。随着以人为本的意识提高，行业对施工工人的安全问题变得愈加重视，对安全管理的研究范围也在不断扩大。多位学者认为在项目全生命周期中，导致施工伤害的因素不仅产生于施工现场，而且产生于设计阶段，因此强调在设计阶段引入安全理念的重要性，即由设计方和施工方共同为现场工人安全做出贡献。由于施工作业基本上是在设计方案的基础上展开，可以说安全隐患也是被设计出来的，因此让设计方参与到施工安全管理范畴已逐渐形成共识。美国土木工程师协会（American Society of Civil Engineers，ASCE）在20世纪末颁布的《政策声明》（Policy Statement），第350条就指出工程师在准备施工计划和说明书时对识别安全和结构安全负有责任；英国的《设计与管理条例》（Design and Management Regulations）也规定设计者有责任保证避免对施工工人可预见的风险；澳大利亚、南非等国家以及美国的职业安全与健康管理总署（Occupational Safety and Health Administration，OSHA）、国家安全与健康协会（National Institute for Occupational Safety and Health，NIOSH）等机构也颁布了类似规定[39]；中国《建设工程安全生产管理条例》也要求避免因设计不合理所导致的生产安全事故，设计单位需要考虑施工安全操作和防护的要求，在设计方案中标注涉及施工安全的重点部位和环节，并向施工管理方提出防范生产安全事故的指导意见[40]。这些法律法规的规定证实了设计工作对项目施工过程的安全负有责任并能够施加影响。

一些研究也发现设计工作对后期的项目实施，尤其是在安全方面具有很大影响，某些不安全因素从项目概念设计时期就开始产生了，随着项目不断深化而最终导致施工现场事故[41]。Gangolells等通过评估使用阶段的安全风险来评价住宅施工设计的安全性，指出需要重视设计中可能导致事故的特殊风险[42]；Weinstein等在美国的一个半导体设施建设项目中，通过采访和座谈的方式总结出了26个潜在的设计变更，评估了其时机、承包商参与和变更类型对设计变更在施工计划实施中产生的影响，证实了安全隐患的产生贯穿于概念、设计、施工各个阶段，强调处于建设周期上游的设计师、工程师需要与承包商一起采取预防措施，可以更好地消除或减少安全隐患[43]，从而消除这些建筑生命周期初期的远端因素对施工安全的直接或间接影响。以上研究证实潜在安全隐患伴随着项目的展开而恶变，以致在施工阶段演变成事故伤害。如果改变设计师对施工安全的知识、态度、动机、工具和指导等，促使设计师参与施工安全方面的工作，进一步避免施工安全隐患就具有可能性。

基于设计师在避免施工事故方面能产生积极的影响，Behm等从224个安全事故案例中分析出40%的事故致因与设计有关，进而指出设计与施工事故存在着强烈的因果关系[44]；也有研究通过统计方法证明建筑设计与44.8%的施工安全事故相关，其中与坍塌事故和坠物伤人事故的相关性较强[45]。可见，在项目初期设计师在建筑结构和施工环境等方面对施工安全的影响能力较大，但随着项目进度的推进，设计方案逐渐实现的过程导致这种能力会逐渐下降，如图 3-1 所示。

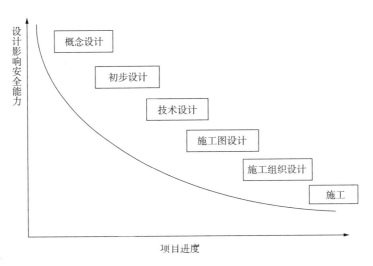

图 3-1　设计影响安全能力生命周期变化

3.1.2　面向施工安全的设计

虽然理论和数据分析方面已经证实，在设计阶段采取适当的措施可以减少施工阶段的安全隐患，但对于如何推进设计师参与到施工安全工作中还存在一定的障碍。Toole 等指出，设计师对安全管理知识和施工程序缺少必要的了解，而且如果增加此方面的设计内容将会导致与现有合同模式的冲突，以及设计成本的增加[46]。调查结果显示，设计师中 74% 认为会增加工程成本，47% 认为会延缓设计进度，21% 认为会限制设计创造力并降低整体质量[39]。这都成为设计师面向施工安全设计的障碍，而通过聘请外来专家来辅助完成这些任务，或者通过增加设计师在这几方面的培训都存在操作上的困难。可见，从设计阶段着手预防不安全因素是减少施工伤害的有效手段，而该手段的实现不仅需要建立一种支持在设计阶段预防施工事故的理论，还需要以此为依据开发一种能够将设计和施工安全结合起来的方法与技术。

在以上观点的基础上，多位学者提出设计预防（Prevent through Design，PTD）、DFCS 等主张在项目设计中考虑施工现场因素并通过在设计阶段采取相应措施消除施工安全隐患的理念。美国国家安全与健康协会给出 PTD 的定义是，在设计过程中消除或减少工作相关的隐患和风险，以达到职业安全与健康的需要[47]。而 DFCS 理念强调设计方的作用，认为只要设计师在设计阶段识别出设计方案里可能造成施工伤害的隐患，就可以通过采取设计变更、预防措施等手段消除。DFCS 理念和 PTD 理念类似，都是提倡通过设计来减少安全事故，因此本书将两者统称为设计—安全理论。Behm 分析了来自 OSHA 和 NIOSH 的 450 份案例报告，发现 DFCS 理念的实施能够消除接近 35% 的事故隐患，其中 50% 与设计—安全直接相关[48]。这些研究证明设计—安全理论有利于施工安全管理，将安全管理的参与方不再局限于施工方，而是加强安全管理的事前管理，将范围延伸到设计阶段，凭借设计方对设计方案的控制优势，以节约成本、减少时间，更加全面、有效地提高行业的作业安全系数。

虽然设计—安全理念还没有形成统一的概念，但是许多学者都对此理念的价值表示认可，认为实现设计—安全理念可以以更小的成本减少事故发生，而主要依靠施工管理经验的安全管理办法以及主要采用文档、检查表的管理技术已经无法满足该理念的实施。因此，实施该理念的关键不仅需要健全的理论依据，而且需要开发适用的技术工具。设计—安全理论的实施工具应该具备以下几个功能：首先是能够让设计方更加充分便利地对设计方案进行安全方面的检查，能够与施工方基于检查结果进行有效的沟通与交流；二是能够检查设计方案整体安全水平是否与实际要求匹配；三是能够虚拟识别施工过程中的临时不安全因素并进行标记；四是可以对各个层面的不安全因素采取安全措施以消除或预防安全隐患。

3.1.3　规范检查与 DFCS 实施

规范是建筑行业的工作指导性文件，是经过长久积累的经验和科学验证的合理做法。建筑设计应完全依据国家制定的建筑安全规程和技术规范，这也为 DFCS 理念的实施提供了基础支撑。然而，建筑行业涉及专业类型繁多，不同专业的规范标准不同，据不完全统计，在中国建筑专业规范有 104 个，结构专业规范 80 个，其他专业规范共 197 个，现行建筑施工规范共 163 个，因此对于设计人员来说，查阅相应的规范条款十分耗时，而且不能同时掌握所有规范的具体信息。为此，一些学者提出建立规范自动检查工具，帮助相关人员检查设计工作。

Nawari 在智能规范（SmartCode）理念的支持下，凭借 BIM 模型展现建设计划并利用模型检查软件完成检查规范条款，从而实现规范条款的自动检查[49]；而将规范和标准从单调僵硬的格式转化为动态可计算的模式则非常关键，自动规范检查的实现基于两个主要原则，一是建筑规范向正式的可计算的规则模式转换，即转变成 SmartCodes，二是 BIM 模型达到能够允许完成规范检查的内容和详细程度[50]；蒋鹏等提出把设计文件和建筑规范转换成机器能读取的语言，按照一定的逻辑进行推理审查[51]。可见，为了实现基于规范的设计自动检查，首先需要将能够指导资料编译成能被计算机读取的语言格式，只有这样设计自动检查系统才具有节省设计和施工时间的作用。

同时，标准的建筑模型和沟通模型是实现自动规范检查的必要条件，其中沟通模型可以作为建筑与规范结合的桥梁。Choi 把产品模型数据交互规范（Standard for the Exchange of Product Model Data，STEP）和可扩展标记语言（Extensible Markup Language，XML）格式文件联系起来，开发了规范自动检查系统来分享建筑图纸信息与文件信息[52]；Kim 将面向施工工人的设计建议进行结构化处理，利用模型检查软件完成对设计方案的检查[38]；Eastman 等调查了规则检查系统可以依据不同的标准来评价建筑设计，指出基于规则的建筑模型检查有利于建筑设计[53]；国际规范委员会（International Code Council，ICC）也提出了基于对象技术和设计规范检测施工文件，识别出文件中存在的潜在错误，也有学者尝试将一些专家建议转化为 IFC（Industry Foundation Classes）格式，从而可以被 BIM 软件读取去检查设计模型[54]。可见，基于规范的设计自动检查系统需要包含几个要素：一是系统的数据来源，二是能够被计算机读取的语言格式，三是支持系统对目标对象进行检查的算法。

而在安全方面的规范自动检查研究中，Sulankive 等证实将 BIM 和安全理念集成来检查和消除高处隐患具备可行性，并应用到平板边缘和护栏安装的自动检查中[54]；Benjaoran 和 Bhokha 则提出利用 4DCAD 模型分析建筑构件的设计信息和计划信息，通过分析这些信息来自动检查高空作业隐患，并指示符合要求的安全措施[15]。可见，自动检查系统可以更加快速全面地检查建筑模型的施工安全性，这样不仅节省了设计人员的时间，而且能够通过控制检查系统来实现某个方面的目标，尤其是在施工安全领域有较大的价值。

综上，由国内外相关研究发现，设计—安全理论，即从设计阶段开始对施工伤害进行消除和预防的工作，通过重视设计工作在施工安全中的作用，加强安全管理的事前控制，是实现施工人员安全的新思路。由于在整个建筑生命周期中，建筑产品始于设计阶段、成型于施工阶段，而施工内容是在设计方案的基础上完成，因此设计工作范围需要包含施工安全。但是，在如何实现设计—安全理论方面，则需要有别于传统的管理技术和工具的支持。通过回顾与该理论的相关研究，弥补设计方在施工安全知识和技能的不足，提高设计方案的可视化和协同设计，是设计—安全理论技术和工具的必备功能。

随着计算机和信息技术的发展，相关技术逐渐成为加强施工管理的新手段。地理信息系统（Geographic Information System，GIS）、图像识别技术等技术已应用于施工现场监控。通过实现施工现场的可视化，加强对施工现场因素的监控，提高管理者与施工现场人员的通信效率等手段，在施工过程中避免施工伤害事故。事中控制技术在安全监控方面能够及时发现重大安全隐患，从而能够帮助管理者有效处理伤害事故，然而由于事故往往具有突发性，而且监控设备成本较高，导致信息技术在事中控制方面的作用发挥不充分，这也与设计—安全理论的主张并不一致。在事前管理方面，许多学者采用虚拟施工、虚拟现实、虚拟原型等技术在施工之前识别施工隐患，从而在施工规划和施工过程中及早预防。随着BIM技术的逐渐成熟，研究者开始将以上技术与BIM模型集成，实现安全隐患的可视化，进而让设计方和施工方直观地观察设计方案或施工现场，对安全隐患进行直观主动识别并提前消除。然而，在探讨支持设计者和施工者协同参与施工安全设计方面仍存在不足，而且都是从局部尝试解决问题，缺少考虑整个施工现场中的不安全因素。

此外，依据设计规范这样的权威标准，可以全面检查设计方案各个层次的错误，但是如何将规划合理地转变为能被自动检查系统应用的形式成为实现该功能的关键。特别是，与安全相关的条款是从众多设计和施工规范中提取出来的一部分，加大了自动检查实现的难度。

3.2 不安全设计因素分类

设计—安全理念主张在设计阶段就开始实施安全管理，属于对施工事故的事前控制。本书认为，设计—安全理念的实施主要是在施工活动之前加强对物的不安全状态的控制，即在隐患初步形成之时就给予消除或者预防。从预防的角度出发，大部分物的不安全状态与设计方案存在联系。例如，洞口是设计方案的元素，也是造成高空坠落的隐患，在设计阶段可以采取标注可能造成事故的洞口的方式，统计成清单传递给施工方以便于其采取防护准备，而非施工方边施工边设置防护措施的被动情况。由于这些事故主体以物的虚拟状态存在于设计阶段，因此如果在设计阶段能针对发生频率较高的不安全状态进行识别，就可以辅助采取适当的安全措施预防事故发生。一是由设计方主导，在设计方案中标注施工过程中存在的危险区域，或者统计出应该防护的位置，以及修改设计方案中与安全相关的不合理因素；二是由施工方主导，接受设计方合理的安全预防方案，在施工阶段按照该方案全面彻底地进行预防。具体措施，如表3-1所示。

施工事故类型致因与设计关系表　　　　　　　　　　　　　表3-1

事故类型	表现形式	事故原因	是否与设计相关	设计阶段措施
高处坠落	人从临边、洞口，包括屋面边、楼板边、阳台边、预留洞口、电梯井口、楼梯口等处坠落；从脚手架上坠落；井字架物料提升机和塔吊在安装、拆除过程坠落；安装、拆除模板时坠落；结构和设备吊装时坠落	踏入危险区域（缺少防护措施的区域）	是	标注危险区域
		照明光线不足，夜间悬空作业	是	提示
		未带个人安全用品	否	
		施工现场的临边防护不到位	是	统计防护位置及措施
物体打击及机械伤害	工具零件、瓦砖、木块等物从高处掉落伤人；人为乱扔废物、杂物伤人；起重吊装物品掉落伤人；设备带柄运转伤人；设备运转中违章操作；压力容器爆炸的飞出物伤人	物品掉落伤人	是	加强防护统计
		物料堆放不规范，如距离洞口边缘近	是	规划堆放区域
		场地缺少安全检查	是	提前确定检查清单
		误入危险区域	是	标注危险区域
		光线不足，夜间作业	是	提示
		缺少设备安全检查	否	
坍塌	边坡等的土石方坍塌，施工中的构筑物的坍塌，施工临时设施的坍塌，堆置物的坍塌，脚手架、支撑架的倾倒和坍塌，支撑物不牢引起其上物体的坍塌	设备接近基坑边缘导致失稳	是	规划危险区域
		模板支撑系统失稳	是	模拟检查系统稳定性
		边坡失稳	是	模拟检查系统稳定性
		脚手架失稳	是	模拟检查系统稳定性
		材料随意堆放在基坑、边坡附近，导致失稳	是	规划堆放区域
		设计不合理	是	模拟识别不安全因素

虽然很多不安全因素产生于设计,但在此阶段不安全因素还未形成实质威胁,所以难以按照施工阶段的角度以实际物体状态考虑。因此,需要找到存在于设计方案中导致事故的因素形式,进而将这些因素进行提前归类,才能利用设计师的专业知识和技能对其进行识别;同时只有掌握设计师工作成果中到底哪些因素能够影响到施工安全,才能根据这些因素的特点采取对应的安全措施。根据对高发事故类型致因的分析,施工安全事故多发生在地基、主体结构和临时设施等区域,而与设计可以产生联系的不安全因素大致可分为以下三类:

3.2.1 不安全结构设计因素

设计者通常是按照专业设计规范进行设计工作,更多地考虑设计产品的使用标准,对施工过程情况缺乏了解或考虑不周。例如,施工活荷载过大而导致施工过程中结构稳定性超过使用标准,出现建筑结构施工坍塌的情况。方东平等在结构试验的基础上证实,由于施工期结构面临使用阶段不会遇到的活荷载(例如振捣荷载、施工设备荷载)、偶然荷载等,结构失效概率会超过使用期,从而导致施工事故发生的可能性增加 [55]。因此,结构不安全设计因素主要包括施工活荷载、恒荷载、荷载组合等影响结构稳定性而导致结构坍塌事故的因素。

3.2.2 不安全临时设施设计因素

临时设备设施的设计需要根据设计方案展开,如果设计方案没有考虑临时设备设施(脚手架、塔吊等)的设计,出现非常规设计,就会导致临时设备设施因操作困难而产生安全隐患,进而在施工过程中出现安全事故。例如,非常规建筑外形设计,造成施工脚手架搭设困难,因而埋下事故隐患;脚手架、模板等临时设施没有根据建筑结构设计完成合格的设计计算,也可能会导致施工过程中的坍塌事故。

3.2.3 不安全空间设计因素

施工现场主体的因素(包括洞口、临边等)防护不符合规范要求,防护措施不到位,无法保证工人作业平面的安全。例如,边长在 1.5m 以上的洞口四周未设防护栏杆，导致工人作业时坠落。施工设备设施中也存在一些空间不安全因素，如脚手架不仅需要根据高度、位置设计相应的防护措施，还需要随层设置密目网、层间网等安全用品，而脚手架的结构、高度、位置都依据主体的设计情况而定。

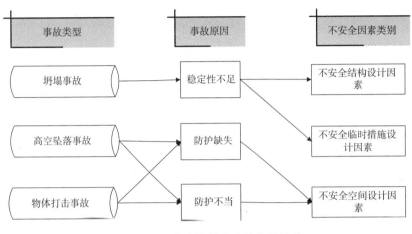

图 3-2 不安全设计因素分类及关系

　　三类不安全设计因素依据事故类型致因而分类。某种构件可能导致多种安全事故，但是其在事故发生过程中的破坏原理不同，如脚手架虽然可能导致脚手架坍塌、高空坠落和物体打击三种事故，但是其导致坍塌的原因是稳定性不足，根本原因则是设计不当或者设计不满足施工要求，而导致其他两种事故的致因是防护不到位。因此，本书对不安全因素的分类是依据事故致因以及相应的设计解决措施而进行，如图3-2所示。通过分析以上三种不安全因素，如果设计工程师考虑施工过程的要求，提前识别设计方案中的安全隐患，并且在施工开始之前就优化改善，或者在设计方案中标注危险区域提醒施工方，就可以减少第一、二类不安全设计因素；而在设计方案的基础上，提前识别施工现场因素（洞口、临边等）的位置、时间、尺寸等参数，通过统计防护措施清单，传递给施工方就可以全面系统地加强施工安全防护，进而消除第三类不安全因素的危害。

　　以上三类不安全因素都与设计方案相关，设计师可以通过识别这些因素而评估方案的施工安全性，而且其处理这些因素可以采取的措施较多、成本低。然而，如上所述，当前设计方参与设计—安全理念的实施还存在一些问题，如增加工程设计成本、延缓设计进度、限制设计创造力并降低整体质量等。因此，实施设计—

安全理念加强设计方在施工安全方面的作用，需要克服以下障碍[56-59]：

（1）设计方缺乏识别潜在隐患的知识、技术以及风险评估能力；

（2）师和施工方以及不同设计专业之间在安全问题沟通方面渠道不畅，设计信息传输不完整；

（3）设计师缺乏参与施工安全的动机，设计师的工作量已接近饱和；

（4）设计方案中存在着多层次、多方面的安全隐患，需要某种机制能够全方面、全过程地考虑设计方案的安全信息。

因此，支撑设计—安全理念实施的工具，一方面需要支持设计师便捷地参与安全设计，加强施工方和设计方之间的交流和协作，有效利用设计师的专业知识技能，以较低的成本消除以上三类不安全因素；另一方面其所遵循的识别规则需要能够全面覆盖设计方案，能够弥补设计方安全知识和技能的不足，并提供有章可循的处理措施。

3.3 设计安全规则定义及构建

3.3.1 设计安全规则定义

安全规则是通过某些参数快速识别不安全设计因素并提供处理办法的规律模式，其建立在某种数据基础上并合乎一定逻辑关系，通过检查设计方案中的构件或其他元素识别出设计不安全因素，进而帮助设计师和工程师进行安全设计以避免事故[6]。设计安全规则的作用：一是通过对比规则检查设计方案，识别出设计方案中的不安全因素；二是根据规则的约束条件，提供不安全设计因素相对应的处理办法,例如防护、标注危险区域等。安全规则的目的:作为一个数据化的工具,以简单便利的方式辅助设计师消除设计方案中的事故隐患。安全规则由具有独特性的参数构成，而安全规则的集合称之为安全规则体系，从而形成便于查询的安全规则数据库。

由于安全规则的目的是识别设计不安全因素，并且识别范围将涵盖以上三类不安全设计因素，因此每条规则应该包含与这些因素相关的信息，这涉及导致伤害的事故主体、属性、约束条件等信息，而将这些信息数据化则是构成安全规则的基础。安全规则的数据来自比较权威的行业资料或者被专家认可的统计信息，从而使安全规则能被设计师充分肯定地接受和应用。

3.3.2 设计、规范与施工安全之间的关系

施工事故出现在施工现场，表面上是由于施工管理不当所致，而实际上建筑施工是对建筑设计工作的具体化，设计工作作为工程安全组织施工的依据，需要全面详细地安排和部署建筑施工。因此，可以认为施工事故在一定程度上是由设计方案的不足导致，而设计师在进行设计工作时，需要不断参考相应规范而保证设计质量符合标准。规范是由专业人士编纂为人们阅读和应用的推理和解释，是专业人士积累的知识，各专业设计人员遵守规范意味着采用有效的专家意见和行业经验来确保工作质量，因此设计与规范存在着必然的关系。

设计工作、施工工作都需要依据规范或者标准，如《建筑设计防火规范》GB 50016—2014、《建筑施工高处作业安全技术规范》JGJ 80—2016 等。这些规范中的许多条款都直接或间接地与施工安全相关。例如，《住宅设计规范》GB 50096—2011 第 5.6 条规定"阳台栏板或栏杆净高，六层及六层以下的不应低于1.05m"[60]，由于栏杆的设置是从施工阶段一直延伸到使用阶段，而栏杆的设计是否合理直接影响着高空坠落的发生，所以建筑设计规范中的部分条款是与施工安全相关的；《建筑施工高处作业安全技术规范》JGJ 80—2016 第 4.2.1 条规定"当非垂直洞口短边边长为 500～1500mm 时，应采用专项设计盖板覆盖，并应采取固定措施"[61]，而洞口是造成高空坠物的主要事故主体之一。可见，规范中包含安全方面的规定，设计师需参考规范开展工作，而设计方案对施工安全存在影响，因此设计、规范与施工安全彼此紧密相关，在整个建筑生命周期中一脉相承，如图 3-3 所示。

既然三类不安全因素都与设计、规范相联系，而规范是以条文的形式出现的，每个条文可以视作对建筑设计的一个约束和限制。如果将所有规范中与安全相关的某种相同属性的规则条款提取出来，根据条款中的数据特点梳理出其中的逻辑关系，就构成了安全规则的数据基础。因此，本书认为通过将现有与安全相关的规范进行整理并构建合理的逻辑关系，也就是说每条规则是将各类规范的具体条款公式化，并将重新梳理后的规范编译成数据化语言，以支持计算机自动读取与比对。

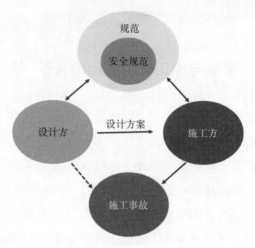

图 3-3   设计、规范与施工安全关系图

3.3.3   基于规范的安全规则编码

安全规则需要考虑事故主体等属性的可应用性，以及规则能被设计师快速获取的可行性。由于安全规则的数据来源是与施工安全相关的各类规范条款，因此安全规则信息的提取需要考虑到现有规范条款的内容形式。规范条款是以设计对象为出发点，通过规范工作中必须考虑的地方来实现对工作成果质量的控制和把握，而与安全相关的条款则在此基础上，对容易导致危险的主体制定详细的操作要求。因此，安全规则的信息提取是基于事故主体而展开，其结构是由事故主体及与其相关的信息所构成。为了实现安全规则的可操作性，本书将基于安全规则的构成结构设计其编码。

设计师利用安全规则检查设计方案，而每条安全规则包含多种信息，例如事故类型、事故主体、主体属性等。为了让这些信息能够被设计师快速地提取，则需要对每一类信息添加标识，从而通过对应标识来获取规则信息。此外，由于规范种类繁多，而事故主体数量相对来说要少得多，如竖向洞口的防护规则来自于《建筑施工高处作业安全技术规范》JGJ 80—2016 和《建筑施工安全技术统一规范》GB 50870—2013，也存在几个规范中内容重合的情况。因此，事故主体与规范可能是一对多的关系，而每条规则是将多条规范条款信息提取并处理后形成的单一的、能被快速提取的规律，此时标识还可以充当安全规则与条款的纽带，从而使一些非结构化数据便于保存和提取，并进行二次处理。

　　为了能被计算机识别，标识以分段的数字编码的形式表示。由于在各类安全事故类型中，事故发生位置主要与洞口、临边、脚手架、模板、基坑、主体四周等相关，事故主体区域比较集中，所采取的应对手段主要包括安全防护、设计计算和安全验算等三种安全规则类型，而在规范中也多以主体为规定对象，所以规则编码是由规则类型和主体界定。事故主体则涵盖每类事故类型中出现频率较高的位置，如高空坠落的事故主体包括洞口、临边、基坑、脚手架、悬空平台等，物体打击的事故主体包括洞口、临边、塔吊等，坍塌的事故主体则包括脚手架、模板、吊装结构等。而在同一种事故主体中，又包含次主体，如洞口可能指横向洞口、竖向洞口等，这些视为事故主体的不同属性。对应每一个属性则包含各自的参数，如限制尺寸、荷载，不同参数下采取处理措施不同。在规则中，通过识别事故主体、属性就可以识别设计方案中构件所属的事故类型，判断安全规则类型，进而确定不安全因素的范围。其中，安全规则类型包括安全防护、设计计算、安全验算等三类，在编码中分别由 A、B、C 代表；事故主体则包含洞口、临边、脚手架、模板、基坑等，依次数字编号；如表 3-2 所示。而每种主体的不同属性及参数，则根据事故主体的实际情况进行后续编码。

设计安全规则部分编码示意表　　　　　　　　　表3-2

规则类型	编号	事故主体	编号
安全防护	A	洞口	01
设计计算	B	临边	02
安全验算	C	脚手架	03
		模板	04
		基坑	05
		……	06

　　由此每条安全规则编码包含五个部分，按从左到右的顺序分别是规则类型、事故主体、属性、规范编号和条款编号，如图 3-4 所示。例如，规则编码为 A01-0101JGJ 80-3022，其中 A 代表安全防护规则，01 代表洞口，01 代表竖向洞口，

01 代表半径小于 2.5cm 的安全规则编号，规则数据来源是《建筑施工高处作业安全技术规范》JGJ 80—2016 的第 3.2.2 条，所以 JGJ 80 代表该规范编号，3022 代表该条款编号。安全规则中的参数计算可以确认该构件是否为不安全因素，从而采取相应的处理措施。由于参数的设定具有唯一性，因此只要对安全规则的规则类型、事故主体、属性进行分段编码，通过该编码就能获取相应的参数、处理措施和规范条款。这不仅可以使设计师利用一对一的编码获得安全规则，进而通过参数识别不安全因素，而且能够为设计师提供条款内容，从而评估无法定量的某些潜在设计不安全因素。

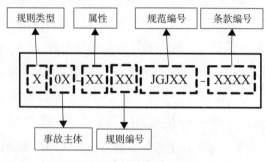

图 3-4　设计安全规则编码示意图

3.3.4　安全规则构建方法

中国当前颁布的建筑行业规范可以分为三类：建筑设计规范、结构设计规范和施工技术规范。结构设计规范包括《建筑结构荷载规范》GB 50009—2012、《建筑结构可靠度设计统一标准》GB 50068、《建筑施工土石方工程安全技术规范》JGJ 80—2009 等；施工技术规范包括《建筑施工高处作业安全技术规范》JGJ 80—2016 等；建筑设计规范包括《住宅设计规范》GB 50096—2011 等。而三类规范中与施工安全相关的内容分别可分为防护、设计计算和安全验算三类，防护包含防护措施和危险区域标记。因为各种规范中的条款格式不一，其中的信息种类繁多，难以被设计师准确地把握，因此需要将这些规范中的条款按照统一的格式编译成安全规则，而每条规则应该包含事故主体、属性、参数、处理措施等信息。安全规则的整体可以视作一个规则树，每个事故主体作为一个分支，将每种规则下的信息聚集起来，最终形成安全规则体系，如图 3-5 所示。

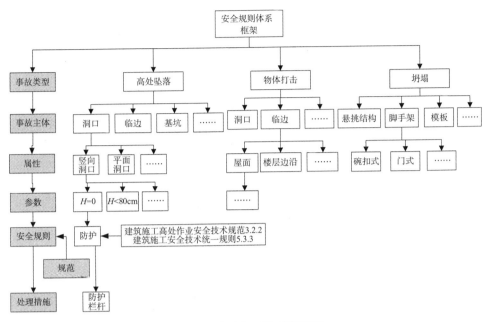

图3-5　安全规则体系框架图

安全规则体系是具有扩充性的数据库，因此输入统一格式的安全规则是该数据库得以建立的基础。在将规范条款转换成安全规则的过程中，首先根据安全规则体系的结构确定事故主体的范围，并在此事故主体范围内进行安全规则的输入。以事故主体作为关键词，搜索规范中的相关条款，按照事故主体、规则类型、属性的优先顺序从条款中搜索安全信息，在确定属性后提取条款中的数据、处理措施等信息，然后定义这些数据的参数名称并将参数公式化，最后按照编码规则对安全规则进行编码，从而完成一条安全规则的构建，如图3-6所示。

由于条款的数据不仅包含几何形状描述的视觉数据，如材质、构造、尺寸、荷载等，还包含大量非几何数据，如材料强度、性能、计算公式等，因此安全规则按照事故类型、事故主体、属性、参数、处理措施的结构构成。最终形成的每条安全规则根据其结构而形成唯一的编码，其中编码编号代表了参数的独特性。例如，以落地洞口为事故主体搜索对象，获得《建筑施工高处作业安全技术规范》JGJ 80—2016的第4.2.1条："当非垂直洞口短边长大于或等于1500mm时，应在洞口作业侧设置高度不小于1.2m的防护栏杆，并应采用密目式安全立网或工具式栏板封闭；洞口应采用安全平网封闭"[61]，判断其对应的规则类型是安全防护，

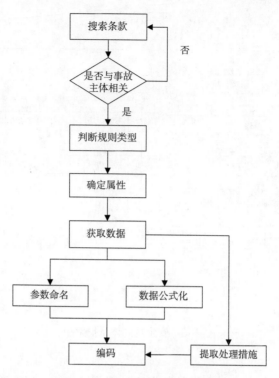

图 3-6　设计安全规则构建流程

属性为横向洞口，参数命名半径为 $R \geqslant 150cm$，处理措施为防护栏杆，下设安全平网，最后根据规则的顺序命名编码为 A01-0104JGJ 80-3022。该规范中搜索到的其他关于洞口的安全规则整理，如表 3-3 所示。

洞口设计安全规则　　　　　　　　　　　　　　　　表3-3

规则类型	事故主体	属性	参数	处理措施	规则编码
防护	洞口	横向	$R \leqslant 25$	盖板	A01-0201JGJ80-3022
防护	洞口	横向	$R \leqslant 50$	盖板	A01-0202JGJ80-3022
防护	洞口	横向	$R \leqslant 150$	钢筋防护网	A01-0203JGJ80-3022
防护	洞口	横向	$R \geqslant 150$	防护栏杆，洞口下设安全平网	A01-0204JGJ80-3022
防护	临边	竖向	$H=0$	防护栏杆，防护门，挡脚板	A02-0105JGJ80-3022
防护	洞口	竖向	$H \leqslant 80$	1.2m 高的临时护栏	A01-0106JGJ80-3022
防护	洞口	竖向	$H \geqslant 81$	无	

注：部分参数参考了旧版标准。

综上，本节根据三类设计不安全因素的特点，提出设计安全规则的定义。依据设计、规范和施工安全的关系，认为规范的合理应用可以弥补设计方在施工安全设计方面的不足。规范存在着各方面与安全相关的条款，但是涵盖范围过于分散，导致应用难度大，因此本节提出构建安全规则，通过梳理不同规范中与安全相关的条款，并建立相应的逻辑关系形成安全规则体系，通过规则编码能方便设计方应用。安全规则作为设计—安全理论实施的数据基础，可以将设计方与施工安全联系起来，并且将规范中的自然语言转换成能被计算机读取的语言，进而能被当前先进的信息技术支持，可以减少设计—安全理论实施消耗的时间。

3.4 基于 BIM 的设计不安全因素自动识别方法

安全规则可以帮助设计师比以往更加便捷地检查设计方案，然而对于规模较大的建设项目来说，由于设计方案中的因素数量庞大，只有识别过程所需时间占用整体设计时间比例较少才能发挥效用，因此缩短设计师应用安全规则的时间和步骤仍是必需的。由于安全规则是一个数据化的规范集合，因此该规则能够通过计算机等技术自动获取数据，进而实现对设计方案施工安全影响的自动检查。作为自动检查的对象，设计方案同样需要将设计元素数据化，这样才能使设计的不安全因素被安全规则识别出来。本节将结合设计安全规则的应用机制，提出集成 BIM 与安全规则的不安全设计因素的自动识别机制。

3.4.1 安全规则应用机制

1. 安全规则作用机理

安全规则的应用是建立在与设计方案中的构件因素具有相同识别标识的基础上，因此安全规则编码和设计方案构件 ID 则是必要组成部分。安全规则编码是分段标识，包括规则类型、事故主体、属性、参数和处理措施，作为提取对象，安全规则参数的数值唯一性由规则类型、事故主体、属性和参数决定。而设计方案构件的构件信息则存在多样化的特点，因此需要判断构件所属的事故主体、属性和规则类型，从而对该属性的事故主体进行初步检查，然后再经过参数的判别确定不安全因素。在这个过程中，不同的安全规则就如不同大小的筛孔，而设计方案就如装满不同颗粒的流体，无法通过筛孔的就是相应的不安全因素，筛选过程的初期阶段依靠规则编码和构件 ID，然后再将唯一的安全规则参数校验多样的构件参数。其中，直接参数是设计方案中不需要任何计算或处理就可以使用的数据，如各洞口的尺寸；间接参数则是依据相应的直接参数经过一定的处理或运算获得的参数，例如荷载组合、极限荷载值、荷载效应等。而在实现安全规则识别的两个步骤时，需要通过分段拾取编码来完成，首先需要获得编码的前 5 位以获得安全规则所对应的某种属性的事故主体，然后才能提取相应的规则参数以及条款内容。

因为设计方案中的构件需要满足筛选要求，所以构件 ID 需要与规则编码的设计逻辑相对应。只有 ID 的结构与安全规则编码结构相匹配，才能通过构件 ID 和规则编码初步实现构件与规则参数的链接。不同于有限数量的安全规则，设计方案中的构件种类繁多，参数更是多种多样，而且设计方案中的因素并非全都直接以事故主体的形式存在，如某些洞口是以门窗的形式存在于设计方案中，因此构件 ID 的设计需要首先考虑哪些因素与安全规则中的事故主体相对应。

构件的信息一般包括构件名称、属性参数、标识数据等，其中属性参数又涵盖了尺寸、限制条件等直接参数和荷载、荷载组合等间接参数。因为在设计方案中即使同一类型构件也不一定都属于不安全因素，而构件名称可以将构件按照各自的基本属性来划分不同种类，标识数据则将同一类型的构件区别开来，因此构件 ID 可由两部分组成，分别是构件名称 ID 和标识数据 ID。构件名称 ID 所对应的信息是其所属事故类型和属性，例如同一型号的门，其构件名称 ID 一致，与其他型号门的 ID 则不同；而标识数据 ID 则对应着其自有的参数信息，即一个标识数据 ID 对应着唯一的构件。构件名称 ID 由四位数字表示，是事故主体和属性的安全规则编码组合；而标识数据 ID 则是该构件在设计方案中各类构件中的标记，如 01010001 的前四位是覆盖竖向洞口的窗，剩余部分则是构件在设计方案中的类型和编号（0001 标记为固定窗）。

因为构件信息是以类别区分，如门、窗、楼板、楼梯等，而这些构件基本已经暗含属性，例如处于外墙的门窗一般属于竖向洞口，因此构件 ID 中不必专门标注属性信息。构件名称 ID 的作用是区分不同类型的构件并为之打上事故主体标签，而同一类型的构件也根据构造参数和设计参数组合的不同而导致标识 ID 数据各异。一般情况下，具有相同构件名称 ID 的构件对应相同的事故主体，但这些构件并非都是不安全因素，只有其参数与安全规则相悖时，才能成为不安全因素。标识数据 ID 的意义在于为每个具有独有参数的构件打上标签。同一类型的构件具有相同的构造参数，如尺寸、重量、材质等，这些构造参数是按照其功能设计所赋予的，而且设计师可以根据设计需求统一更改；而设计师还需要赋予同一类型构件的设计参数，如高程、位置等，设计参数影响着不安全因素的独特性，如同一类型的窗户因高程不同而导致其所对应的洞口安全系数不同。构造参数和设计参数构成了构件的直接参数，也就是在设计完成中不需要二次处理就可获得的参数。而这两种参数则是根据标识号区分和标记的，因此标识数据 ID 对应着每一个构件的独有性质。由于构件名称与安全规则中的事故主体和属性关联性较大，因此构件名称 ID 和安全规则中事故主体和属性的编码对应。在完成构件名称 ID 和安全规则编码的初步匹配后，该构件接受安全规则的检查和记录，如图 3-7 所示。在保证前四位准确的前提下，标识数据 ID 所涵盖的后半部分可以根据设计方案规模进行重新命名和划分范围。

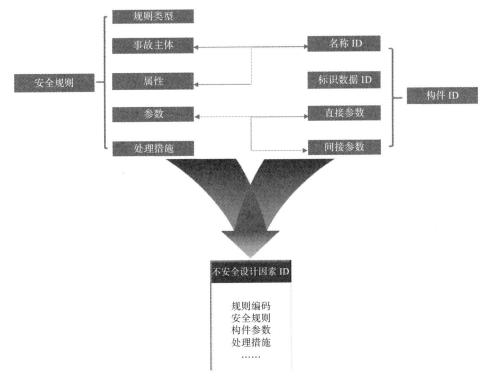

图 3-7　设计安全规则与构件 ID 关系

2. 安全规则应用流程

设计安全规则应用流程，如图 3-8 所示。首先，从设计方案中获取构件的 ID，确认 ID 的前四位与哪些安全规则编码前四位数字相匹配，从而筛选出在设计方案中潜在的不安全因素。然后，安全规则对初步匹配的不安全因素的直接参数（构造参数和设计参数）进行检查，先判断构件的位置、高程等设计参数，之后计算构件尺寸、重量等构造数据，以判断其规则类型（例如是否需要防护的事故主体，如门窗、阳台等），从而识别出空间不安全因素，记录事故主体的位置和施工时间点，

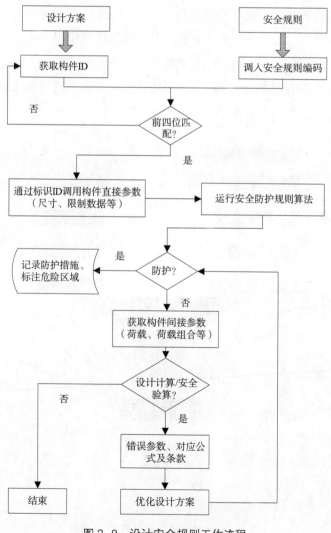

图 3-8　设计安全规则工作流程

并根据每个不安全因素所涉及的安全规则，提取相应的处理措施。对于含有间接参数的构件，安全规则则直接进入运算，判断其是否符合要求。对于计算错误或超过规则限制的不安全因素进行标注，从而确认构件中的结构不安全因素和临时设施不安全因素，并根据对应的安全规则提示违规参数。为了达到识别结果能够帮助设计师优化设计方案的目的，识别过程中需要记录的内容应根据实际操作需求而定。设计师需要获得构件名称 ID 以确认不安全因素，从而知道不安全因素所属构件名称和类型，而标识数据 ID 的作用是获得不安全因素的具体位置、所在类型序列号、错误参数、处理措施等信息以及所触犯的安全规则及编码。设计师在获得这些信息之后，可以对不安全设计因素进行修改，优化设计方案。

3.4.2　BIM 与安全规则的集成机制

设计安全规则是通过从众多规范中提取出与安全相关的数据，并按照事故主体→规则类型→属性→参数→处理措施的逻辑关系整理成容易被辨识的规律，减少了设计师和工程师以往查阅资料的时间，而且弥补了其在安全领域知识和技能的不足。然而，直接使用安全规则检查设计方案，也就是通过安全规则里的参数检查设计方案中相应事故主体的参数是否存在问题，其前提是安全规则和设计方案的双重数据化。BIM 具有可视化、集成化和参数化的特征，结合 BIM 技术可以实现设计方案的数据化。在实现二者的数据化之后，安全规则可按照上述机制对设计方案中的不安全因素进行检查，而该机制的实施需要与 BIM 模型有效集成，以便安全规则的计算可通过信息技术和计算机技术快速处理，从而最终实现对不安全设计因素的自动识别。

根据安全规则的应用流程设计，实施安全规则的应用工具需要完成对设计方案的自动检查，而这要求对安全规则和设计方案数据的双向提取，所以一方面需要将设计方案数据化，从设计方案中自动获取安全规则对应的参数，而且能够使设计师便捷地赋予构件所需的信息参数；另一方面则是能够自动运行安全规则算法，从而实现安全规则对不安全因素的自动识别。在这个机制中，安全规则可以为自动识别系统提供可靠的数据基础，而 BIM 则能充当技术平台。

1. BIM 适用性分析

安全规则中的不安全因素主要围绕着事故主体、属性及参数而呈现，尤其是需要通过参数的运算来区分安全与不安全的设计因素，这就要求设计方案中的因素能够具备相应的数据与之匹配。由于 BIM 具有参数化建模的特点，其通过向 BIM 模型中的各个构件赋予准确的参数来完成对产品整体的设计，而且构件参数间存在关联性设计，能够实现参数的"一处更改，处处更新"。可以说，BIM 模型是通过构建参数或者构件属性来建立的数字化设计方案，从而设计师可以通过设计参数来控制构件信息。这意味着接受检查的不安全因素的参数可以从 BIM 模型中获取，而且设计师可通过增减参数来应对安全规则的要求。因此，结合从 BIM 模型中提取的数据可以实现安全规则的检查，且 BIM 模型参数修改的便利性也可减少设计方案优化的时间。

在检查出不安全因素之后，由于设计师和工程师现场经验知识的不足，对不安全因素的认识可能仍不够准确、全面，而传统的二维图纸以及实体模型无法将这些构件信息呈现给设计师和工程师。BIM 模型是以三维模型的形式向观察者呈现设计方案，观察者能够通过交互的操作方式全方位、多角度、多因素地观察模型，从而使相关方能够充分了解某些特殊构件信息或设计理念。在安全规则识别出不安全设计因素后，BIM 的可视化功能可以将这些因素信息直观地展现给设计方和施工方，使双方更加充分地了解设计方案存在隐患的细节，从而有利于双方沟通协作，减少相关各方讨论的时间。另外，通过将识别出的不安全因素可视化，设计师能够观察这些因素在设计方案中的位置、特点等非数据信息，从而更充分地考虑预防处理措施，更为有效地完成对设计方案的修改完善。而施工方则可以通过 BIM 模型更加清晰地了解设计师提供的不安全因素清单或检查报告，从而更加充分地准备事故预防方案。这不仅节省了付诸生产之后的变更成本，还能够使设计师和工程师从细部观察产品设计，从而更合理地判断安全生产的可行性。

不同专业间的设计师以及施工方的知识技能都存在隔阂，彼此的沟通交流只能凭借设计图纸等比较抽象的资料，而各方的工作成果最终集成和衔接于设计方案中，当缺少一个具备统筹能力的管理者或技术平台时，就容易在协作过程中产生冲突，进而对整体效率和工作成果带来负面影响。有别于传统的 CAD 制图和实体模型的不同专业构件信息孤立的情况，BIM 技术可以将各专业的信息合成为统一的 BIM 模型，从而使各参与方都围绕着一个共同的模型在做设计、沟通，而且可以在模型中快捷完整地完成数据和信息分享与传输。BIM 可以帮助不同专业的设计师全面了解构件信息，从而解决专业间配合困难且工作量大的问题，避免专业间设计碰撞的发生，减少了设计碰撞带来的成本。安全工作对于设计方和施工方来说，存在着交接与被交接的关系，BIM 技术不仅能够建立 BIM 模型将各方的工作协同起来，而且可以将施工环境、机械设备等因素与 BIM 模型集成起来，从而使设计方案更加完整地涵盖所有影响施工安全的因素。在这样的前提下，施工方的建议能够支持设计方更准确地考虑施工现场安全，而施工方也可以准确理解设计方案的意图，从而正确制定和实施施工安全计划。

由于三类不安全因素可能只存在于施工过程中的某一阶段，或者只存在于某个特殊时段，例如某外墙上的洞口，只有在安装窗户之前才是可能导致高空坠落的不安全因素；在实际施工过程中，二层楼板边缘至第三层可能不再是临边。如果对整个模型进行检查，则可能无法识别此一阶段的不安全因素，因此安全规则不仅需要提取静态情况下的设计方案，还需要实现对设计方案的动态检查，即对某一施工阶段的危险构件，甚至隐蔽因素进行检查，从而识别设计—施工全过程的危险源。这就要求结合设计方案进行施工过程模拟，将每个构件在不同阶段的状态信息提供给安全规则。而 BIM 技术可以在三维模型和进度计划的支持下实现施工过程模拟等功能，以构件为单位展示施工流程，按照施工工序在计算机上将施工过程演示，这就提供了在各个阶段的构件状态和信息。同时，BIM 技术能够将其他施工因素与设计方案结合起来，进而为安全规则识别整个施工过程中的不安全设计因素提供了可能性。因此，可以依靠 BIM 的功能，按照逐层检查的顺序，对三类不安全因素在不同阶段或者特殊节点的参数变化进行储存，然后安全规则对这些储存下来的动态参数进行检查，从而识别施工过程中的不安全设计因素。

2. 不安全设计因素自动识别机制

BIM 技术的可视化、参数化、集成化、虚拟施工等功能优势，可以为安全规则提供一个动态数据化的设计方案，而且 BIM 能够进行功能扩展，为安全规则应用机制实现提供足够的技术衔接支持。集成 BIM 和设计安全规则的不安全设计因素自动识别流程，如图 3-9 所示。设计师能够根据安全规则应用机制的要求，首先通过 BIM 软件工具将设计方案构建成 BIM 模型，在 BIM 模型中赋予构件 ID 和必要的参数信息。然后，启动基于 BIM 施工过程模拟功能，安全规则对储存的预设特殊节点的构件进行检查，从而识别不安全设计因素。识别出的不安全因素可在终端以三维模型等形式呈现，从而实现了不安全因素的可视化。设计师和施工方根据 BIM 模型显示的不安全因素信息以及设计方案，考虑针对这些因素的整改措施。设计师既可以在该识别结果的基础上，参考施工方建议，对设计方案提出修改和优化方案；也可以将不安全因素的处理措施记录下来，在设计方案交底阶段提供给施工方，以帮助其充分准备施工安全规划方案。最后，BIM通过工具平台输出整个识别过程中的信息报告，对于需要操作的某些专业相关方，其可以根据该报告以及最后的BIM模型处理不安全因素。另外，该识别成果和BIM安全模型在施工阶段可继续为施工方的安全管理提供支持，使现场安全管理人员在BIM模型的支持下进行安全监控和预警等。

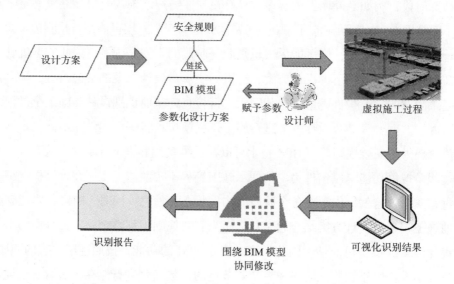

图3-9 集成BIM和安全规则的设计不安全因素识别流程

在该自动识别机制实施过程中，安全规则建立成数据库的形式，以实现与BIM的有效集成，并形成自动识别系统；在处理不安全因素的流程中，则需要依靠人机交互的方式，如图3-10所示。系统通过对BIM模型的静态分析和施工过程动态分析，识别出设计不安全因素，并且将识别结果在模型中以可视化的手段展示给各相关方，例如以不同的颜色高亮显示三类不安全因素。这时系统能够初步提供不安全因素的信息，设计师和工程师则通过观察这些因素，分析其危险程度，对于只需要增加防护的地方给予记录，从而判断采取危险区域标识、防护措施或者修改构件等措施；对于可能导致坍塌的不安全因素，不仅要分析其触犯的不合格参数，而且还要在此基础上结合各专业以及专家的分析，对识别结果进行慎重处理。由于安全规则已经提供防护方面的处理措施数据，因此综合分析更多的是对设计计算和安全验算识别结果的处理。在采取防护处理措施过程中，BIM可以通过提供相应的防护构件模型强化处理效果，并将这些措施在模型中显示。由于 BIM 可以根据设计方案的情况构建特殊的防护实体模型，从而为施工过程中能够生产该构件提供参数。而面对其他两种不安全因素，则可以依靠更改参数来校验模型安全能力，最终达到识别与处理不安全因素的目的。

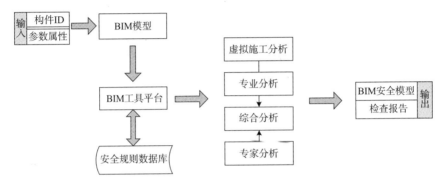

图 3-10　集成 BIM 与安全规则的设计不安全因素处理流程

第 4 章
BIM 与现场工人不安全行为监测

建筑施工安全事故之所以难以避免，与施工现场存在众多的作业人员和复杂的施工环境有密切的关系。根据海因里希"88：10：2"的工业安全伤害事故理论，在 100 起施工安全事故中，有 88 起是由于作业人员在施工过程中的不安全操作引起的，有 10 起是由于作业人员的其他不安全行为引起的[62]。由此可见，在建筑施工安全事故的发生过程中，作业人员的不安全行为是导致这些事故发生的直接原因和主要原因，利用新的技术手段和管理手段对复杂的施工现场中的不安全行为进行监控和管理也是至关重要的。本章将系统分析施工现场不安全行为的类别，以及其监控的信息需求，结合 BIM 和定位技术等实现现场不安全行为的监控。

4.1 施工不安全行为概述

4.1.1 施工不安全行为的含义

根据我国国家标准《企业职工伤亡事故分类标准》GB 6441—1986 的定义[1]，不安全行为指的是在工业生产过程中，由于人为的原因发生的且可能导致安全事故的非正常的错误行为。施工不安全行为则指在建筑工程施工过程中，由于人为的过错而发生的且可能导致或者已经导致施工安全事故的行为。广义上来讲，由于现场作业人员和管理人员的主观或客观上的原因，发生的已经引起施工安全事故，或可能引起施工安全事故的行为，都属于施工不安全行为的范畴。任何故意违反行业规定和企业制定的各种安全规章制度的行为，缺乏安全知识所做出的行为，缺乏安全意识、不懂得在复杂的施工现场对自己和他人的人身安全进行保护的行为，都是施工不安全行为[20]。例如，塔吊操作人员违反塔吊起重作业规定，起吊超过塔吊额定最大重量的材料；专业岗位上非本岗位作业人员，未得到授权就擅自启动操作非本岗位施工机械设备；在没有可靠的安全防护装置保护下就启用性能不明的设备并使用设备进行相关作业；在进行危险或特种作业时接听手机或与闲杂人等进行与工作无关的交谈等。

施工不安全行为从人的主观意识的角度出发，可以分为有意和无意两种。有意的不安全行为主要是指人员在明知道其行为会导致危险事故的情况下仍然故意从事的行为。例如，社会上常见的超速行驶、不系安全带的行为等。反映到建筑施工现场，常见的有意的不安全行为有：进入施工现场没有穿戴安全防护设备、高空作业时发生跳跃或身体探出护栏的行为等。无意的不安全行为则主要指人员由于安全意识和工作技能的缺失或相关生理机能的缺陷，而发生的非故意情况下的不安全行为。施工现场常见的无意的不安全行为有：缺少必要的安全生产培训导致对该岗位工作的危险性没有足够的认识，缺少相关的岗位作业培训导致对该岗位工作需要的专业技能和知识缺失，长时间连续工作情况下引起的疲劳作业而导致的工人对危险和紧急情况的反应缓慢等。

4.1.2 施工不安全行为的致因

不管是主观上有意的还是主观上无意的，一旦发生人员的不安全行为，且对人员不安全行为的管理失去控制，施工安全事故则随时可能发生并且酿成更大的财产损失甚至人员伤亡。同时，在建筑工程复杂的施工环境下，作业人员持续不断地在施工现场进行反复且沉重的施工作业，不安全行为可能发生在施工的任意时刻，对施工不安全行为的监督、管理和控制也相对困难和复杂。因此，有必要通过对不安全行为的产生原因进行深入分析，找出对不安全行为进行防范和监控的可行办法，以减少直至杜绝施工现场可能发生的安全事故，将建筑工程施工行业的财产损失以及人员伤亡降到最低。

施工过程中产生不安全行为的原因是复杂多样的，也是各种因素共同作用导致的结果。由于其地理位置、自然环境以及社会环境的差异性，每一处建筑工地都具有自己独特的施工环境和作业条件，就算是极富经验的管理人员和作业人员，也难以对其有全面的掌握和控制；大型建筑工程越来越多、越来越复杂，传统的粗放式的施工已经越来越难以满足工程施工的需要，且新型的复杂的施工工艺也层出不穷，对于习惯于传统施工工艺的作业人员而言，如何快速适应并且熟练操作复杂的新型施工作业方式也是一个极大的挑战；面对大型的建筑工程，越来越多的大型施工机械和设备被使用，工程占地规模也越来越大，在安全管理方面涉及的安全事故危险因素也更多，施工管理人员尤其是安全管理人员对施工现场的管理也更加困难；在传统的粗放式的施工作业中，对一线作业人员需求集中在劳动力上，随着建筑工程施工越来越专业化，对于作业人员的职业技术要求也相应提高，但是不可否认的是，一线作业人员可以接受的专业培训和其本身所具备的职业素养仍有所欠缺，在这种情况下，作业人员的安全意识难以得到保证。

本书通过对以上诸多原因进行概括，将施工不安全行为产生的原因概括为以下几个方面。

1. 安全制度存在漏洞

建筑施工行业的安全生产规章制度是对企业和行业的生产效率和生产质量有巨大影响的一项规章制度。之前，由于企业规章制度的不健全、行业的粗放式施工生产方式，以及社会对于安全生产的不够重视，各施工单位并没有足够的制度和规范来对施工生产的安全性进行保证。近年来，随着社会和国家对安全生产的逐渐重视，建筑企业也逐渐建立起相应的安全生产制度。但是，在安全施工规章制度上和安全管理组织结构上，仍然存在可供改进和提高的漏洞或缺陷。

2. 安全行为意识淡薄

安全行为意识淡薄是施工不安全行为的主要诱导。施工现场一线作业人员的文化水平通常不高，对于他们从事工作所具有的危险性没有足够的认识，特别是对施工现场的新工人而言，在没有接受过系统的作业培训和安全教育情况下就进入施工现场工作，对于如何安全、合理地施工操作没有足够的认识。

作业人员安全行为意识淡薄，在施工现场中有相同或类似的表现，即作业人员将自己的冒险心理付诸到实际行动中。一是大部分安全行为意识淡薄的作业人员表现有侥幸心理，比如不戴安全帽进入施工现场。在类似行为中，作业人员明明知道危险情况的存在，也知道自己这种行为可能会导致事故的发生，但是因为不安全事故的发生往往是小概率事件，其通常抱着侥幸的心理认为危险事故不会发生在自己身上。二是部分作业人员也抱着自负、逞强的心理，比如在高空作业时不系好安全带。在类似行为中，作业人员同样知道危险情况的发生，但是却认为自己可以驾驭这种风险，因此做出这种不安全行为。这种情况在施工现场也比较常见，特别是参加工作时间较长的工人，往往把规章制度中的规定看作是工作中的负担，认为只要自己足够胆大，就可以避免相关风险，且给自己的工作减少相应的麻烦。三是大部分作业人员还有着从众心理，施工现场最常见的情况是在禁烟处吸烟。大部分作业人员都知道在施工现场吸烟的危害和可能引发的事故，施工现场也到处都有禁止吸烟的标识，但是由于监督力度的不足，很多违规吸烟者都没有受到处罚，这给大部分有心吸烟的作业人员一种错觉，就是吸烟不一定会受到处罚，因此也纵容自己不按照规章制度的要求来规范自己的行为。此外，安全行为意识淡薄的作业人员通常对行业和企业的安全规章制度有着错误的理解。在他们的意识里，有时候并不认为行业和企业的安全规章制度和现场配备的安全防护设施是为了自己和他人的安全而设立的，相反他们把这些制度和设施看成是工作负担。因此，当没有受到强制性的监督和管理时，他们往往对安全制度抱有抵触心理，不仅不主动配合，反而明知故犯。

3.生理机能存在缺陷

除有意的不安全行为外，还有部分不安全行为是由作业人员客观的生理条件缺陷所致。众所周知，建筑施工行业是一个由密集型劳动力组成的行业，因此对每一个施工人员的身体条件有着较高要求，尤其是直接参与一线的工作人员。一方面，施工人员的性别和年龄差异较大，对于需要大体力劳动的工作和岗位来说，女性和年龄偏大的从业者往往力不从心。当发生这种情况时，如果作业人员仍然坚持继续工作，则很有可能发生一些不安全的行为。另一方面，施工人员可能存在某些方面的缺陷，也会造成一些不安全行为。比如塔吊操作人员经常需要观察指示人员的旗语，对红绿色的辨识能力具有一定要求。此外，施工人员的疲劳程度也会对其行为的安全性产生一定的影响。当施工人员工作超过一定时间后，对工作的执行能力和对紧急情况的反应能力都会急剧下降。

4.2　施工不安全行为分类

本节通过查阅相关文献和行业标准规范，以及对行业专家进行调查采访，获得施工作业中经常出现的不安全行为数据。通过对不安全行为的系统分析，将其分为违章操作、安全用品使用不当、接近危险因素等三大类。

4.2.1　违章操作

违章操作主要是指施工现场作业人员没有按照行业或企业规定的操作流程对机械设备进行操作，或者在有意或无意的情况下违反了行业或企业的规章制度及规范。这一类不安全行为占整个施工现场不安全行为的绝大多数。造成这种情况的原因是多方面的，如现场施工人员在没有接受完整、详细的岗前培训和安全教育的情况下进入施工现场，势必对现场的安全规章制度没有全面地认知；或者由于部分施工人员对安全规章制度的不重视，在明知道他们的这类不安全行为会导致安全事故或紧急情况的发生，仍然不理会安全规章制度的规定，继续实施这一类不安全行为。

这类不安全行为主要可以分为以下几种形式：

1. 作业人员的错误操作

作业人员的错误操作是指作业人员正在进行的工作在规章制度上有详细的操作规定，但是作业人员并没有严格按照该规定进行，做出了违反规章制度的错误操作。

在施工现场，作业人员的错误操作非常常见，尤其是刚刚进入施工工地的新工人，他们缺乏施工现场的经验，容易犯一些违反规章制度的错误。例如，起重作业时违犯起重作业"十不吊"的规定，机动车辆驾驶人员在驾驶车辆装运货物时混装各种危险气体（如乙炔）或使用不符合规定的机动车辆运输（如使用翻斗车装运气瓶），起重作业时没有观察起重机下方及周围情况或在起重机下方有人的情况下仍然进行起吊操作、起重作业，把吊物等吊到半空就悬停而操作人员离开起重机，无关人员在没有得到授权的情况下就擅自进入一些重要岗位（如驾驶室等）并操作等。

2. 使用不安全设备

不安全设备包括施工现场的各种非正规的、不安全的工具、材料、机械、设备等。作业人员使用这些非正规的不安全的工具或设备，容易对自己或者他人造成伤害。

施工现场中不安全设备非常常见。在规章制度和安全监督不够严密的情况下，不安全的设备可能会没有经过审查就进入施工现场。同时，由于施工现场复杂且混乱，设备在进入现场后也可能会因为各种各样的原因而损坏。除此之外，作业人员还经常在该使用某种特殊工具的场合不使用相应工具来进行操作，同样对自己或者他人都会造成危险。例如，钢筋工在绑扎钢筋时本应该使用钢筋绑扎工具却徒手绑扎、用电时使用胶盖有缺损的刀闸接线却没有使用任何漏电保护措施、在必须使用低压照明的场合（如隧道坑底等）没有使用低压照明从而易造成火灾和爆炸事故、机动车辆和机械在性能不明时没有使用任何可靠的安全防护装置就启动和操作、起重机械设备在没有限位装置或制动装置的情况下仍然坚持使用等。

3. 不按规定程序操作设备

施工现场的各种设备和仪器都有其规定的操作程序，如果在使用和操作这些设备和仪器时没有参照规定的程序，则很容易造成仪器或设备的故障，从而引起一些安全事故。

随着建设工程的大型化和复杂化，施工现场的机械设备或者其他仪器也越来越大型化和复杂化。尤其是在混凝土工程和钢筋工程中使用的吊装机械和切割机械，粗放式的生产和作业方式决定了这些机械要么是重型机械，要么是硬型设备，如果没有按照规定的程序来对这些机械设备进行操作，一旦失控，势必造成重大伤害和损失。例如，在某些钢筋加工设备中没有带好手套和做好其他安全保护就直接开始钢筋的旋转或切割，机械或运输车辆在施工现场内启动时没有按照规定的程序先响铃再启动，带电设备（如电焊机）在发生故障时没有进行断电处理就对这类设备进行检查和维修，大型机械（如混凝土搅拌机）在需要检修时没有在机械周围挂牌警告周围人等不要靠近和启动该机械等。

4. 忽视安全警告

忽视安全警告是发生在一线作业人员身上比较常见的不安全行为之一。该类行为主要指的是施工现场作业人员忽视安全警示标识，或者对现场的安全监督人员发出的关于安全方面的警告无动于衷，没有做出合理和正确的反馈。

忽视安全警告在施工现场也是非常危险的行为。在施工现场，如果安全人员在某处设置了安全警告标识，说明该处已经具有了危险因素，并且很可能因为其他无关人员的闯入而再次发生其他的事故。另外，如果现场作业人员无视安全监督人员的警告，继续进行一些不安全的行为，也会对自己和其他人造成很危险的影响。忽视安全警告的不安全行为包括：在没有得到相关授权的情况下擅自移动施工现场的安全标识、整个施工现场周围没有安全警戒线或者警戒栏杆、现场的基坑洞口等没有警示标识等。

5. 工作时分散注意力

工作时分散注意力主要是指在进行一些特种作业时，发生了影响作业人员认真工作和认真操作的行为。特种作业指一些技术含量要求高、危险性大的工作种类，如电焊、高空外墙粉刷、塔吊操作等。

在进行相关的特种作业时，作业人员如果发生有分散注意力的行为，可能会造成特别严重和巨大的伤害与损失。如果是普通的工作种类，作业人员在发生一些分散注意力的行为时，虽然可能会影响到工作的质量和工作的效率，但是可能不会发生事故和造成严重的伤害。然而，特种作业与普通作业不同，其所造成的后果不光是影响工作质量和工作效率的问题，更严重的是会对自己和他人造成严重伤害。分散注意力在施工现场有不同的表现形式，例如：在进行危险工种的作业时与无关人员交谈或者接打电话、在进行需要有监护人进行监护的特种作业时监护人未能正确履行自己的监护工作等。

6. 不安全动作

不安全动作是指作业人员在有意或者无意的情况下，发生的一些影响到自己或者他人安全的，甚至造成更严重的安全事故的行为动作。

不安全动作属于日常的个人行为动作范畴，种类繁多，因此难以用具体的规章条例和制度来对可能涉及的作业人员进行约束。对于施工现场的安全监督人员来说，这一类不安全行为也很难依靠他们来对施工现场所有的作业人员进行监督，毕竟整个施工现场通常都有数十上百个甚至上千个一线作业人员。在传统的管理模式下，通常这类不安全行为都是依靠岗前的安全教育和安全培训来防范，并依靠工作过程中所有的作业人员对自己的动作和行为来进行自我约束。施工现场作业人员的不安全动作种类很多，例如：作业人员在上下楼梯时不用手扶着安全栏杆、需要进行登高作业时不使用梯子仅依靠施工现场的脚手架等攀爬进行、在高空作业时随意将身体大部分探出扶手或栏杆之外并随意抛扔作业工具等。

以上是整理和总结的违章操作在施工现场的几类表现形式，表4-1对以上几类行为进行了更为详细的举例说明。

违章操作类不安全行为分类 表4-1

不安全行为	举例
作业人员的错误操作	起重作业违反规定吊运不能吊运的材料
	起重作业起吊时未观察吊物下方是否有闲杂人员
	起重作业把吊物停在半空离开
	运输车辆混装易燃易爆物品
	开动非本岗位设备
	授意他人操作本岗位设备
使用不安全设备	不使用安全设备徒手操作
	使用防漏电装置损坏的用电设备
	设备性能不明即投入使用
	用电设备电压高于安全值
	机械设备车辆无刹车制动等安全防护装置
不按规定程序操作设备	检修作业前未停止施工机械
	检修作业前未放置警示装置
	检修用电设备前未断电
	机械作业启动前未发出提示信号
忽视安全警告	擅自移动安全标志
	擅自拆除警示标志
	施工现场未设置警戒线
	危险区域未设置警告标志
	不听从安全管理人员指挥
工作时分散注意力	作业人员工作不专心
	监护人员未尽到监护责任
不安全动作	登高作业不攀扶栏杆
	登高作业不使用梯子
	高空作业身体探出护栏
	高空抛扔工具器件
	于禁止吸烟处吸烟
	于禁火区使用明火

4.2.2　安全用品使用不当

安全用品使用不当主要是针对个人的安全防护用品而言，即作业人员在场内对自己的安全防护用品穿戴没有正确的意识，不能正确使用个人防护用品。按照施工现场的安全规章制度，不管是现场作业人员还是管理人员，或者是外部人员得到授权进入施工现场，都必须穿戴好自己的个人防护用品，包括安全帽、安全鞋，个别特殊岗位的作业人员（如信号工、钢筋切割焊接工、高空工种等）还需要穿戴好反光衣、安全带、手套、防尘口罩、防护眼镜等安全用品。目前，施工现场的安全管理人员对作业人员的个人防护用品穿戴和使用并不能做到良好的监督。一方面，施工现场往往占地面积较大、环境复杂，使得施工现场的安全管理人员无法监督到现场工作的每一个人；另一方面，一线作业人员由于自身文化素质原因，往往安全意识不足，当脱离安全管理人员监督时，常常把身上穿戴的安全防护用品视为工作的累赘，并不能做到自觉地、正确地使用好安全防护用品。

这一类不安全行为主要可以分为以下几种形式：

1. 忽视安全用品穿戴

施工现场是一个非常复杂的环境，在立体空间上随时都存在着正在进行的施工活动。作业人员需要密切关注高空是否有坠物落下，周围是否有车辆、机械、设备或其他人员通过，脚底是否有堆砌或散落的施工材料等。即使作业人员可以随时密切关注自身周围的情况，但仍难以完全避免紧急情况的发生。因此，安全管理规范规定，作业人员必须穿戴好全套的安全防护用品才能进入现场。但是，由于作业人员忽视安全用品的穿戴而发生的不安全行为也经常出现。例如：劳保用品等穿戴不全就擅自进入施工现场工作、特殊工种或特殊环境下的工作不戴防护眼镜和手套就开始工作而导致颗粒物进入眼睛或对身体其他部位造成伤害、在有尘场所没有按照规定佩戴防尘口罩导致吸入有尘气体或有毒气体等。

2. 不安全装束

作为个人安全防护用品的补充和辅助，作业人员在进行一些特殊作业时，除了按照规章制度和安全规范要求穿戴的安全防护用品外，还需要关注自身的个人装束。这一部分也是在施工现场比较常见的不安全行为之一，有若干不同的表现形式。例如：在高空作业时穿着一些硬底材质的鞋致使不易在高空掌握平衡而发生高空坠落事故、在旋转设备周围工作时穿着一些过于肥大的衣服导致容易被设备卷入而造成机械伤害事故等。

3. 无安全装置

此处安全装置指的是在施工现场布置的针对作业人员安全进行防护的、非穿戴或设置在作业人员个体身上的其他安全用品，如架设在建筑物周围的安全网、布置在基坑周围的安全栏杆、布置在坑洞或洞口的栏杆或警示物等。

安全装置对于施工现场安全事故的预防是非常重要的，如架设在建筑物周围的安全网，可以有效防止建筑物上部施工造成的高空坠物对下部人员带来的危险和伤害。假如施工现场在安全装置这一块没有足够的重视和投入，此类不安全行为可能导致的安全事故将会明显增多。施工现场还有许多此类不安全行为，例如：在进行钢筋电焊作业时没有给作业人员配置防护罩、电源线有裸露部分却没有及时进行包扎、在用电区域进行工作和操作时没有给相关人员配置绝缘鞋等。

表 4-2 详细展示了上述安全用品使用不当类不安全行为的举例。

安全用品使用不当类不安全行为分类 表4-2

不安全行为	举例
忽视安全用品的穿戴	劳保用品不全进现场
	电焊作业不戴防护眼镜
	扬尘作业不戴防尘口罩
不安全装束	高空作业穿硬底鞋
	卷扬作业穿服装易被卷入
无安全装置	高处作业不系安全带
	用电设备无漏电保护装置
	带电作业不穿绝缘服

4.2.3 接近危险因素

接近危险因素是指施工现场中通常存在大量的危险因素，施工人员在进行工作时，在不经意间或者因工作需要而必须靠近这些危险因素。其包括所有可能引

64

起施工安全事故的因素，如洞口、临边、脚手架、塔吊、施工机械等。通过对以往施工安全事故的统计发现，施工现场几乎所有的建筑构件、材料、机械、设备都可能引起或大或小的施工安全事故，因此都可以视为危险因素。施工现场作业人员可能会因为各种各样的原因接近危险因素，有时候是在无意识的情况下，有时是因为工作需要，还有时是专门的检修人员需要对某些危险因素进行处理，当然也有部分作业人员明知道施工现场的某处存在危险因素却无视该因素的危险性而盲目地接近。

一般情况下，安全管理人员对施工现场中可以进行处理的危险因素，通过添加若干安全警示标语或安全警告牌，或者利用一些围挡的安全装置对危险因素进行掩护，并在作业人员上岗前对他们进行一定的安全教育和培训。此外，施工现场也会安排若干安全监督管理人员对现场作业人员进行监管。这在一定程度上可减少危险因素对作业人员造成的伤害，并减少安全事故的发生。

这一类不安全行为主要可以分为以下几种形式：

1. 擅自进入不安全区域

不安全区域是指施工现场中会受到某一个或某些危险因素影响的区域。在不安全区域中，作业人员随时会处在相关危险因素的威胁中。虽然该危险因素不一定会发生危险并最终引起施工安全事故的发生，但并不能表明该区域一定是安全的。只要作业人员还身处该不安全区域中，该危险因素就能对相关人员造成威胁。因此，作业人员身处其中就应该迅速离开或者保持高度警惕。

如上文所述，施工现场的危险因素较多，由此造成的不安全区域所占整个施工现场的面积比例也通常较大。不安全区域往往也不是由单一的危险因素导致的，而是由两个或两个以上的危险因素共同作用并影响。不安全区域通常也不是一成不变的，而是随着施工现场环境的变化而变化。不安全的环境因素可能随着施工进行而出现、消失，或者发生位置的变化，有些危险因素所能影响和控制的不安全区域甚至会随着危险因素的变化而发生形状、面积、作用对象等相关的变化。

在施工现场经常发生擅自进入不安全区域的不安全行为有：建筑物的高处正在施工而作业人员没有相应的安全保护措施就擅自进入并且滞留在建筑物下方的坠落半径内，在作业现场内行走或进出作业现场时不走安全通道而要走一些不安全的捷径，还包括一些重要的特殊岗位中，如非本岗位的作业人员在没有得到授权和许可的情况下就擅自进入该工作岗位,甚至擅自在该岗位进行操作或其他作业等。

2. 攀坐不安全位置

攀坐不安全位置指的是施工现场作业人员在工作间隙,攀爬、坐靠在不安全的位置。与不安全区域类似,不安全位置也是由危险因素引起的,通常是由作业人员在对该不安全位置进行某种行为的时候才会发生某些危险或者紧急情况。但是,与作业人员擅自进入不安全区域不同的是,不安全位置的危险性和其危险的影响范围并没有像不安全区域那样形成一个区域,而只有当施工现场的作业人员攀爬、坐靠在该不安全位置时才会形成危险。

不安全位置在施工现场有若干不同的表现形式,通常是可以被作业人员当作休息场所的不够安全的位置。例如:施工现场的栏杆、轨道、围墙和窗口等经常被作业人员当作休息中可以坐靠的位置,质量不合格或安全系数不达标的脚手架和梯子等也是作业人员所不能攀爬的不安全位置。此外,还有一种容易被忽视的情况,即正在运转中的运输车辆或其他机械设备,部分作业人员也喜欢攀爬。

3. 在不安全的地方作业

除上述情况外,还有一种施工现场常见的却难以避免的不安全行为,即作业人员在某些情况下不得不在不安全的地方进行作业。这一类型的情况与擅自进入不安全区域和攀爬不安全位置不同,擅自进入不安全区域和攀爬不安全位置都是工人的自主行为,是工作之外的、多余的、完全可以避免的不安全行为;但是在不安全的地方作业却是因工作需要而不得不进行的不安全行为,作业人员在客观上是难以避免的,因此必须采取相应的安全保护措施和控制管理手段来对工人的这类行为进行管理。

施工现场通常也会有很多此类区域,例如:脚手架上没有固定的踏板,作业人员需要经过这些踏板来进入施工场所;如果需要在某个悬挂的物体旁边进行施工作业,应该设置相应的防护措施来对周围作业人员的安全进行保护;对于某些特种岗位或者有一定危险性的工种,有时候需要配置一名或若干名监护人员,如果未设置监护人员或者监护人员的专业性和安全性不到位,则该作业人员也相当于是在不安全的地方进行作业。

表4-3展示了接近危险因素类不安全行为的具体举例。

接近危险因素类不安全行为分类　　　　　　　表4-3

不安全行为	举例
擅自进入不安全区域	进入高空吊物的坠落区域
	进入挖掘机的旋转半径
	穿越不安全区域
	擅自进入重要岗位
攀坐不安全位置	在容易坠落的区域休息
	攀爬运转的设备或物体
	攀爬脚手架等
在不安全的地方作业	通道的踏板未固定
	高空作业吊篮未固定
	特种作业无人监护

4.3　基于 BIM 的施工不安全行为监控信息需求

基于 BIM 和定位技术对施工不安全行为进行监控和预警的基本原理是将施工现场利用虚拟技术在计算机系统中实时地展现出来，并利用定位技术将现场工人和机械设备的行为动作信息实时反映到虚拟平台系统中进行分析和运算，测算出工人和机械设备的行为是否安全。本节通过对施工不安全行为的控制信息进行分析和概括，找出利用 BIM 和定位技术对施工不安全行为进行监控和预警的信息。大致可分为三类：工人及机械位置信息、工人属性及装备信息和工人行为动作信息等[63]。

4.3.1　工人及机械位置信息

工人及机械位置信息反映的是现场作业人员、施工机械和设备等在现场的实时位置信息。通过监测作业人员和机械设备等的位置信息，并传输到计算机的虚拟平台系统中，系统可以了解到任意时刻施工现场中作业人员和机械设备等的具体位置，并判断出他们的位置是否安全。首先，利用 BIM 技术将任意时刻施工现场的信息可视化反映在虚拟环境中，并在这个虚拟环境中创建相应的三维空间坐标系,使虚拟施工现场中的每一个建筑物、构件、物料都具有其相应的唯一的、独特的空间坐标。然后,利用定位技术对施工现场的作业人员和机械设备等进行实时定位,将相应位置信息转化为定位数据信息,传输到相应的虚拟平台中进行安全分析运算。

在施工现场,作业人员和机械设备等的定位数据信息可以用三维坐标(x,y,z)以及时间t的函数来表示。由于在虚拟系统中需要展示任意时刻施工现场作业人员和机械设备的位置信息,因此在他们的定位数据信息中,加入时间变量是十分有必要的,即他们的定位数据信息随着时间的变化而变化。对于施工现场的作业人员来说,他们的位置信息只需要一个三维坐标和时间变量就足以表示任意时刻的坐标数据,在虚拟平台系统中也可以将他们抽象为一个坐标点来表示和计算。而对于一些大型的施工机械设备,如塔吊、吊车、推土机、挖掘机、装载机、混凝土车等,一个三维坐标点远远不足以表示他们的坐标位置,通常需要两个或两个以上的三维坐标位置点来描述。例如塔吊,不仅需要对塔基的中心位置进行定位,还要对吊臂高度、吊臂长度、吊点位置、悬吊物高度、悬吊物范围和方向以及旋转角度等进行定位和空间表示,才能准确地对一个塔吊的位置属性进行定义和表现,因此相关定位数据需要由若干个定位点来表示。关于利用点的三维坐标来对施工现场作业人员和机械设备进行位置表述,详见本书第6章。

4.3.2　工人属性及装备信息

在施工现场,不同的工作对应着不同工种的作业人员,不同的工作也对应着不同属性和权限的作业人员。不同属性包括作业人员的工种、年龄、性别、经验和工作能力等;不同权限包括作业人员进入施工现场的权限、进入工作岗位的权限、机械操作的权限等。因此,不同作业人员穿戴的安全防护设备和配备与其他作业也不一样。

工人的属性信息是指进入施工现场的作业人员的上述属性以及权限信息,而工人的装备信息则是指作业人员所穿戴的安全防护设备和配备的作业工具的信息等。通过收集施工现场作业人员的属性和装备信息,可以实时了解任意一个作业人员的所有信息,并检查到该作业人员是否穿戴了适用的安全防护设备,是否是持有和使用合理、合规的作业工具。

这一类信息可以由 RFID 技术来收集，即通过预先在作业人员身上佩戴写有该作业人员各种属性信息的标签（Tag，RFID 技术所使用的写有一定数据信息的电子芯片，可被标签识别器识别并读取其中所含有的信息）来实现，同时在作业人员的安全防护装备和作业工具上也装有相应的信息标签。在施工现场，按照一定的规律和密度布设有相应的标签识别器，当作业人员进出施工现场以及在施工现场中作业时，标签识别器可以实时地收集和读取作业人员相应的属性信息，并按需要把相关信息传送到虚拟平台系统中进行分析和处理。

4.3.3　工人行为动作信息

除上述情况外，作业人员的不安全动作也会导致施工安全事故。作业人员动作信息指的是作业人员在施工现场进行作业或非作业操作时，发生的行为以及动作等相关信息，包括可能导致施工安全事故的危险动作，以及在进行作业和操作时不能完全遵守操作要求和程序的行为等。目前，尚未有比较成熟的技术可以实时观察和监测工人在施工现场的上述行为，但是利用虚拟现实等技术，可以对工人进行一系列的安全培训，使工人在现场工作前就清晰了解自己工作的操作要求、程序和步骤、注意事项等，并提前了解在操作过程中可能存在的安全隐患。

4.4　定位技术与不安全行为监控

如上所述，定位技术是支持现场作业人员空间预警的基础。考虑到施工现场的动态性和复杂性，有必要探索适用于建筑施工现场环境的定位技术。本节将对目前应用最广泛的定位技术进行分析比较，选择可供施工现场使用的定位技术，并分析其与 BIM 技术平台的集成机制。

目前，非射频、全球定位系统（Global Positioning System，GPS）、RFID、无线传感器网络（Wireless Sensor Network，WSN）和超宽带（Ultra Wideband，UWB）等是五种常用的定位技术，已经被广泛应用于各行各业中。这五种定位技术相比而言没有绝对的优劣，它们在各行各业都有自己独特的应用价值和最适合的应用场景。一般来说，定位技术的精度、成本和实用性等难以得到兼顾，精度高的定位技术往往使用成本也相对较高。因此，在进行定位技术选择时，需要综合考虑各种定位技术的特点以及他们的优缺点，结合实际应用需求，选择最合适和最实用的定位技术。

表4-4对以上五种定位技术进行了基本的概括总结和比较。本书根据施工现场的实际定位需要，综合使用GPS和UWB辅助定位，即利用GPS技术对室外部分进行定位，利用UWB技术对室内部分进行定位，以实现对施工现场作业人员、施工机械、设备以及建筑物等的实时定位。

定位技术比较分析 表 4-4

定位技术	非射频定位	GPS 定位	RFID 定位	WSN 定位	UWB 定位
成本	较高	较低	一般	较低	低廉
优点	√ 精度较高	√ 精度较高 √ 技术成熟 √ 任意时间、地点、天气情况均可	√ 硬件要求不高 √ 可操作性强 √ 可以移动读取信息 √ 可单次读写多个数据	√ 传感器节点不需要有线连接 √ 提高测距	√ 保密性好 √ 公共场合覆盖密度大 √ 不受建筑物阻挡影响 √ 价格低
缺点	√ 需要目标和探测器线性可视 √ 对移动物体需要大量探测器 √ 配备要求复杂	√ 首次定位需要较长时间 √ 室内工作受建筑物遮挡影响	√ 传输距离不足 √ 穿透能力不强	√ 需要大量传感器节点	√ 用户设备需要有本地网络接入点的分布图

4.4.1 室外 GPS 定位

GPS定位技术是目前应用最为广泛的人员及设备定位技术之一，已经广泛应用在航海、航天、测绘、移动通信、监控等行业及领域。近年来，随着GPS定位技术的发展以及土木工程施工领域的行业需要，GPS定位技术在土木工程的勘察、设计等方面也有了更为深入的应用。目前，GPS技术在土木工程领域的应用主要集中在变形监测、放样、勘测测绘等工作中。利用GPS技术，可以对大跨度的桥梁、堤坝、穹顶等建筑构件进行变形监测，还包括建筑物或构筑物的沉降监测等；定位放样主要是体现在大型工程的施工中，如机场、重要建筑等；基础设施建设中GPS技术主要应用在勘测测绘中，如公路工程、水利水电工程等。

如上所述，GPS定位技术具有诸多的优点。首先，GPS定位技术是一项非常成熟的技术，在其他的行业或领域已经有了广泛的应用，对GPS技术应用到施工领域可以有良好的借鉴和示范作用。其次，GPS 技术具有较高的精度，其只要求定位节点上空开阔没有遮蔽物的特点也使得该技术在土木工程施工领域可以得到较好的应用。一般而言，施工现场除建筑物及构筑物之外，大部分场所都处于较为开阔的状态，非常便于 GPS 定位技术的应用，这也是选择 GPS 技术来进行定位的原因之一。

　　本书将利用 GPS 技术分别对施工现场室外场所的作业人员、施工机械、临时设施等进行定位。其基本原理是利用预先安装在作业人员、施工机械以及临时设施等上的 GPS 芯片接收来自卫星发射的 GPS 信号，并将该信号传输到计算机定位平台的运算系统及其他相关设备里进行信号的识别、解读和计算，以取得 GPS 芯片所在的位置信息，如图 4-1 所示。

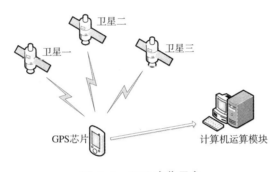

图 4-1　GPS 定位示意

　　考虑到施工现场对定位精度的要求，在此使用差分 D-GPS（Differential Global Positioning System），即在某已精确定位的坐标点配置一台 GPS 接收机，同时对定位目标和该已知点进行 GPS 定位；已知点的精确坐标和观测坐标之间的差值可以作为定位目标的坐标修正参考，以此提高定位目标的定位精度。

4.4.2　室内 UWB 定位

　　施工现场除了室外场所之外，还包括场地狭窄、视野不清晰、有较多建筑物或构筑物遮挡的室内场所。从 GPS 定位原理可以看出，GPS 的工作环境有一定的限制要求，即必须在定位目标上空没有遮挡的情况下以使得定位目标芯片可以接收来自卫星的电磁波信号。而在有遮挡物的室内场所，这一要求显然不能满足，需要寻找可以在室内场所代替 GPS 技术进行定位功能的其他定位技术。

目前，UWB 定位技术已在国内外诸多领域有了比较成熟的应用，比如智能交通、物流管理甚至军事、救援等领域。UWB 技术也具有诸多的优点。首先，UWB 技术对障碍物具有很强的穿透能力，这也是选择 UWB 技术作为施工现场室内场所定位的原因，即在复杂环境下依然可以保证定位功能。其次，UWB 技术同样具有很高的精度，理论上其所使用的短时冲激脉冲可以达到厘米级别的定位精度，当然在实际应用上该精度可能会有所降低，但是对于施工现场来说，亚米级别的定位精度完全符合精度的要求。另外，UWB 技术由于使用的是超宽带信道，可以保证高速的数据传输能力，因此可以同时传输大量数据，为数据传输提供了硬件支持。

UWB 定位系统主要由三部分构成：传感器、定位标签和数据处理平台。定位标签通过一定的方式放置在作业人员或者其他的定位目标上，按照一定的时间间隔发射电磁波信号；传感器则在接收到信号后将信号利用网络传输到定位平台的服务器运算模块，并基于定位算法对定位标签的坐标位置进行计算。通常在 UWB 定位系统中，会利用基于距离的定位算法对定位目标的坐标位置进行计算。同时，定位标签往往还被设计成具有接收信号的功能，定位平台中在计算出定位目标的坐标位置之后，根据需要会发送相关的反馈信息到定位标签中。UWB 定位技术的系统框架，如图 4-2 所示。

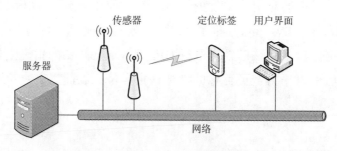

图 4-2　UWB 定位示意

通常情况下，UWB 发射信号的传输距离在 50m 左右，因此可以 50m 为半径，将施工现场的室内场所划分为一个个的蜂窝网格；同时，考虑到传感器放置的可行性和便利性，尽量选择施工过程中的重要结构构件作为传感器的放置部位，如柱、梁等，在此基础上可以适当调整网格的半径和范围大小。

4.4.3　基于 GPS 和 UWB 的综合定位

结合上述 GPS 和 UWB 定位技术的优势，分别对施工现场室外场所和室内场所的作业人员以及施工机械、临时设施等进行定位，将其集成到同一个定位系统中，其框架如图 4-3 所示。

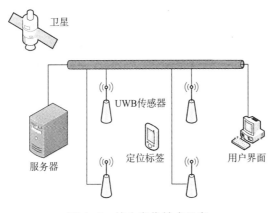

图 4-3　综合定位技术示意

基于 GPS 和 UWB 的综合定位系统主要由五个部分组成：卫星、定位标签、UWB 传感器、服务器和用户界面。

1. 卫星

卫星向地面发射电磁波信号，与布置在地表的基站相结合，利用三边测量法计算接收到电磁波信号的定位目标的坐标位置。

2. 定位标签

本系统中的定位标签同时具有接收 GPS 信号和发射 UWB 信号的功能，因此需要在该定位标签中同时安装两种定位芯片：GPS 芯片用以接收 GPS 信号，并将信号利用网络传输到服务器进行计算；UWB 芯片则发射 UWB 信号供UWB 传感器进行接收、传输和分析，并接收来自服务器计算完成之后的反馈信号。

3. UWB 传感器

UWB 传感器通常分为主传感器和次传感器，主传感器和次传感器共同接收来自定位标签的 UWB 芯片发射的 UWB 信号，主传感器还肩负着将主次传感器接收到的 UWB 信号传输到服务器进行计算和分析的功能。

4. 服务器

服务器是对信号中的数据进行分析和计算的场所，利用定位算法，可以分别基于 GPS 信号和 UWB 信号计算获得定位标签所在的坐标位置；同时，在计算完成后，服务器还可以通过网络向定位标签发送坐标位置的计算结果以及其他需要反馈的信息。

5. 用户界面

用户界面的功能是可视化的展示定位信息，包括地图信息、位置信息以及反馈信息。在本系统中，由于是对施工现场的环境进行定位和管理，因此地图信息是以三维模型的形式展示在管理人员面前的，作业人员、机械设备和其他临时设施的位置信息会实时地呈现并随着施工现场的变化而更新，反馈信息则是对所计算出的位置信息的安全性和合理性进行分析和运算后的结果的反馈。

4.5　基于 BIM 和定位技术的不安全行为监控方法

结合上述基于 GPS 和 UWB 的综合定位技术框架，本节将确定一个合理且适用的 BIM 集成平台，并建立定位技术与 BIM 平台的集成机制，用于集成定位和运算功能，从而实现基于 BIM 和定位技术的不安全行为监控。

4.5.1　BIM 集成平台选择

经过对常用的几款开发平台的对比分析，在此选择 Unity 3D 作为定位技术与 BIM 技术的集成平台。Unity 3D 本身是一款具有强大开发能力的专业游戏引擎，近年来已经在各种领域成为深受用户欢迎的三维游戏和虚拟现实的综合性游戏开发工具，跨领域、跨平台的应用使得用户可以实现三维游戏、模型可视化、虚拟仿真等功能。除了利用该软件的开放性将定位技术和 BIM 技术集成起来之外，还将利用 Unity 3D 实现施工模型构建、计算程序编写等一系列功能。在平台的开发和构建过程中，主要使用到 Unity 3D 的以下相关技术。

1. Unity 3D 组件

Unity 3D 具有功能强大的组件，在 Unity 3D 中设计和开发出来的场景都是由系统中一个个的组件构成的。组件分为不同的类型，有物体型组件如方块、圆柱等，有物理属性型组件如物体的重力、刚度等，也有功能模块型组件如物体的运动程序等。

2. Unity 3D 脚本

脚本是实现系统预设功能的代码或者程序。在 Unity 3D 中，脚本或者程序在编辑完成之后是以功能块的形式放置在系统中的，在系统运行的过程中，通过调用这些封装好的脚本，可以实现用户想要实现的功能。

3. 程序语言

Unity 3D 是一款开放性很强的开发工具，可以支持诸如 C++、C#、JavaScript等编程语言。本节主要使用 JavaScript 编程语言作为系统中脚本和其他程序功能的实现工具。

4.5.2　定位技术与 BIM 集成机理

本节将利用流程图的形式，阐述定位技术的定位功能与 BIM 集成平台的建模功能、程序编写功能、计算功能和虚拟仿真功能的集成与实现。基于定位技术和 BIM 的集成机理，如图 4-4 所示。

定位技术和 BIM 的集成可以按照工作流划分为四个部分：建模→定位→计算→输出。

1. 建模工作

利用集成平台的建模功能，对施工现场的场景进行虚拟的三维建模，包括场地、建筑、施工机械、临时设施等。这部分模型可以通过 Unity 3D 直接建模，也可以利用其他软件如 Autodesk Revit 或者 3D Max 等专业软件进行建模。Unity 3D 具有较好的接口条件，可以识别和共享多种格式的模型文件。

2. 定位工作

平台集成了定位技术和 BIM 技术，上述设计的基于 GPS 和 UWB 技术的定位系统将获得的定位目标的坐标位置信息实时地传输到平台上，然后平台把这些坐标位置信息与建筑模型进一步整合，为之后的分析和计算工作提供数据支持。

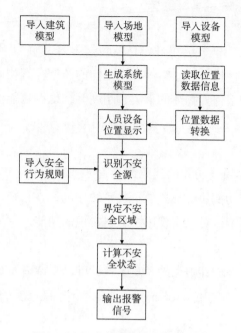

图4-4　BIM与定位技术集成机理

3.计算工作

集成平台依据设计的安全性计算规则（安全规则的设计将在第5章进行详细的描述），对施工现场的不安全环境进行分析，将施工现场划分为诸多不安全区域，并对定位目标以及施工现场其他设施的安全性进行计算和判断。

4.输出工作

集成平台根据计算工作得出的安全性结果，分别向持有定位标签的定位目标（包括工作人员和施工机械等）以及安全管理人员发送安全性评估信号；对于超出安全阈值的计算结果，集成平台还会依据预先设定的报警模式发送相应的报警信号。

4.5.3　基于BIM和定位技术的不安全行为识别

基于BIM和定位技术的虚拟平台系统，通过对施工现场作业人员和机械设备的位置信息、作业人员的属性与装备信息等的收集，对其现场安全性进行计算分析，可以实现以下相应的功能。

1. 工人进出场及行动路径识别

利用施工现场作业人员和机械设备的位置数据信息，可计算获取到任意时间（工作时间）内作业人员和施工机械设备的具体位置，进而判断出作业人员进出施工现场的时间。根据施工现场的具体情况，以及不同工种作业人员的工作时间，可以为施工现场每一位工人进行考勤和工时的结算。同时，结合工作时间内每一时刻作业人员的位置信息，可以形成工作时间内工人的行动路径，辅助判断作业人员在施工现场的工作行为等。如果发生施工安全事故，可以快速了解施工事故现场的工人数量，辅助制定最佳搜救策略，并且便于工人进行自救和互相救助等。

2. 工人不安全位置判定及预警

很多施工事故是由作业人员的位置不安全或者作业人员与机械设备间的距离超过了某个安全值所导致的。通过获取工人以及机械设备的实时位置信息，可以在系统内及时判断工人和机械设备的位置是否恰当，并及时做出报警。例如，系统计算出运输车辆的运行轨迹，一旦工人站立在该运行轨迹上，系统即对工人发出警报，要求其离开该位置；系统还可以通过获取塔吊、施工机械，以及洞口、临边等一些存在于施工现场的不安全因素的信息，利用计算模块基于一定的计算规则计算出这些不安全因素导致的不安全区域，一旦施工现场的作业人员处于这些不安全区域时，系统会识别并计算该位置的不安全性，根据不同的预警模式向相关的管理人员及作业人员发送相应的预警信号，实现安全事故的预警。

3. 安全装备佩戴识别

由佩戴在工人身上的标签和装配在安全装备上的标签，以及设置在施工现场出入口的标签识别器，可以识别出工人的属性，判断出工人的作业权限等级；根据该工人的属性，可判断该工人需要佩戴的安全装备，并计算该工人是否按照规定佩戴了符合要求的安全装备。这可以有效避免工人不穿戴安全防护装备就进入施工现场等不安全行为。

4. 机械操作权限识别

在机械设备上装配同样包含机械设备属性信息的标签，当工人操作机械设备时，系统同时接收机械设备的属性信息和操作人员的属性信息，判断该机械设备是否为正规的操作设备，同时判断该工人是否具备操作该机械设备的权限。如出现无权限人员操作机械设备的情况，系统会对安全管理人员发送警示信息，并要求该无权限人员停止相应的违规操作。

第 5 章
BIM 与现场不安全环境因素识别

如前文所述，施工现场安全事故的发生是由作业人员的不安全行为以及施工现场的不安全环境共同作用所致。本章将对施工现场的不安全环境进行探讨，从施工现场发生的几种典型施工事故入手，识别并提取施工现场的不安全环境因素和相应的不安全区域，针对不同的作业人员和不同的不安全区域设定不同的预警模式，并提出基于 BIM 的不安全环境因素自动识别方法。

5.1 典型施工事故分析

建筑工程施工现场的安全伤亡事故有多种分类方式，按照《企业职工伤亡事故分类标准》GB 6441—1986 的分类方法和统计数据显示，我国建筑行业有 5 类最常见、最典型的施工现场安全事故，包括高处坠落、物体打击、机械伤害、坍塌和触电伤害等。基于第 1 章对 5 种典型的施工现场安全事故的初步介绍，下面对其进行进一步分析。

5.1.1 高处坠落

高处坠落事故的发生原因多种多样，根据对以往事故案例的分析可以看出，在一些商业建筑和一些建设成本较低的住宅项目上发生高处坠落事故的可能性较大。在商业建筑中，由于建筑体量巨大，楼层较高而且工期较紧，高处坠落事故的后果也往往相对严重。文献 [64] 指出高处坠落事故最常发生于建筑施工过程中，其根本原因在于作业人员经验的欠缺或者他们对于危险情况的错误判断，同时建筑施工现场作业人员众多也是高处坠落事故经常发生的原因之一。文献 [32] 则对坠落事故进行了危险识别，并对坠落事故提出了相应的预警和预防措施。高处坠落事故可能发生在不同的施工部位，如临边、洞口等，在攀登作业、悬空作业、交叉作业中，也可能发生高处坠落事故。不同的高处坠落事故需要有不同的预防和预警措施。

5.1.2 物体打击

施工现场常见的物体打击事故包括：高处吊运的物体等掉落伤害到作业人员，高空抛扔物体伤害到作业人员，模板拆除过程中支撑或者模板伤害到作业人员，以及高处作业面（如脚手架）掉落施工工具砸伤下方作业人员等。其中，最为常见也最为危险的一种物体打击事故是塔吊（或吊车）吊物掉落伤人事故。塔吊（或吊车）在吊运过程中，例如吊运钢筋、钢板、混凝土预制件等材料，可能由于吊物重量超过该塔吊（或吊车）的额定吊重，或者起吊钢丝受到磨损等原因，容易发生吊物掉落的事故。因此，在施工现场对塔吊或者吊车应该定期进行检查和维修，例如检查钢丝是否有磨损的情况，塔吊的限位装置是否正常等。同时，在吊运过程中，吊物下方不可以站立任何人员，以防止发生吊物掉落撞人事故。

5.1.3 机械伤害

机械伤害通常发生在大型机械施工作业过程中，例如起重机械在吊运重物的时候与作业人员发生挤压、碰撞等，机械运转的部件脱落对作业人员造成的伤害等。文献 [65] 指出施工现场发生类似于机械伤害的安全事故，往往是由于现场作业人员对危险识别不足引起的，施工现场的危险往往是由失去控制的事件（如失去控制的机械和设备）导致的，当作业人员暴露于这种危险之中时，安全事故就有很大的可能会发生。文献 [66] 将施工现场分为不同的危险区域，并利用信息技术对不同的危险进行相应的识别，进而对风险和危险进行控制。

5.1.4　坍塌

坍塌也是工程施工过程中容易发生的安全事故之一，其往往伴随着群死群伤事件，因此对坍塌事故的研究和预警预防也是安全事故预警中的一个重要内容。文献[67]研究了地铁施工过程中容易发生的施工安全事故，指出地铁施工过程中的坍塌和空间冲突是引发安全事故的重要原因。除此之外，利用BIM技术可以对施工安全管理起到重要支持作用。文献[68]在研究地铁施工安全管理的基础上，对地铁施工过程中的空间管理理论、空间冲突检查以及安全区域的识别进行了研究，并在施工现场设置相关的监测点以对施工过程中的安全性进行监测和控制。

5.1.5　触电伤害

触电伤害在造成人身伤亡事故的同时，往往造成其他二次事故，如火灾等。当触电伤害事故发生的时候，很有可能由于电能瞬间转化成热能造成局部温度过高而引燃事故现场的其他可燃物，造成火灾事故。因此，触电伤害事故管理中除了对电线电源等进行管理外，还应对施工现场的可燃物进行管理和监控。

5.2　施工不安全环境因素分类

通过以上分析可知，施工现场的诸多环境因素可能引起不同的施工安全事故。本书将施工现场可能引起安全事故的环境因素统称为施工不安全环境因素。下面对施工现场不安全环境因素进行系统识别，并对这些施工不安全环境因素进行分类和管理，对其引发的存在于施工现场的不安全区域进行标记和划分，以支持施工不安全区域的监控、管理和危险预防。本节基于上述典型施工事故的分类，分别提取可能导致上述施工安全事故发生的不安全环境因素。

5.2.1　基坑

基坑主要可能引起两类施工安全事故：高处坠落和坍塌。按照规范的规定，当基坑的深度超过2m却没有安装任何防护设施时，工作人员在基坑边缘活动和工作即属于高处作业，容易引发高处坠落事故。当基坑的边缘停留有机械设备和运输车辆等时，基坑容易因受到压力的作用而引发坍塌事故。

5.2.2 洞口

洞口主要可能引起高处坠落类施工安全事故。洞口分为两种：水平洞口和竖向洞口。水平洞口是指位于水平面上的洞口，当洞口直径超过50cm且没有安装防护设施时，工作人员可能因失误掉入洞口引发高处坠落事故。竖向洞口是指位于竖直面上的洞口，如墙上的洞口。不管是哪种洞口，一旦洞口没有安装足够的防护设施，就有可能引发高处坠落事故。

5.2.3 临边

与洞口类似，临边也主要可能引起高处坠落类施工安全事故。临边主要包括一些高度超过2m且外围没有任何安全防护设施的临近边缘的区域，如阳台、天台等部位。

5.2.4 墙

墙主要可能引起物体打击类施工安全事故。施工现场的墙边最容易发生物体掉落而引发物体打击类施工安全事故。正在施工中的建筑物和构筑物等往往处于开放式的状态，位于边缘的施工工具、材料以及其他施工垃圾等容易从墙边掉落下去。此类安全事故的严重性随着建筑物墙高度的增加而急剧增大，墙越高，此类物体打击事故造成的损失甚至伤亡就越严重。

5.2.5 脚手架

脚手架主要可能引起三类施工安全事故：高处坠落、物体打击和坍塌。这三类施工安全事故所对应的不安全区域也不尽相同。高处坠落事故主要发生的区域位于脚手架踏板上方，工作人员容易由于踩空、失足而引发高处坠落事故；物体打击事故主要发生的区域位于脚手架踏板下方，由于施工现场复杂的环境，脚手架上随时可能发生物体（包括建筑材料、施工工具等）掉落而砸伤工作人员，引发物体打击事故；坍塌事故主要发生于脚手架下方垂直投影区域及其周围一定范围内，由于脚手架搭设的不合理，可能引发脚手架的坍塌事故。

5.2.6　机械设备

机械设备主要可能引起机械伤害类施工安全事故。本节所指的机械设备包括施工现场的施工机械、设备和其他运输车辆等。施工现场环境复杂，不仅现场杂乱，到处遍布着以上几种机械设备，同时现场声音嘈杂，工作人员难以时刻注意和提防自身周围的施工机械设备和运输车辆等，因而容易发生工作人员与机械设备之间以及机械设备与机械设备之间的碰撞事故等，这类碰撞事故都属于机械伤害类施工安全事故。

5.2.7　塔吊／吊车

塔吊／吊车主要可能引起两类施工安全事故：机械伤害和物体打击。塔吊和吊车包括各种吊运机械设施，在塔吊和吊车的旋转半径内，由于吊运物始终处于悬吊的状态，时刻可能因为吊运物重量超过标准或者悬吊钢丝的不合格而发生吊运物的掉落砸死砸伤工作人员，引发物体打击事故。同时，塔吊和吊车在工作状态时，往往处于旋转运动状态，同样可能引起工作人员和塔吊或者吊车之间以及塔吊／吊车之间的机械伤害类碰撞事故。

5.2.8　电线／电缆

电线／电缆主要可能引起触电伤害类施工安全事故。电线／电缆包括施工现场的所有电力传输线路，如施工现场进场线路、场内传输电路等，还包括其他带电设施的电源线路等。施工现场工作人员在场内工作的时候，很可能由于工作上的失误和疏忽造成身体直接或间接地接触到这些电线和电缆，直接接触是指人员的身体如手、脚等触摸、踩踏到电线电缆，间接接触是指人员通过其他的导电体如钢筋、钢管等接触到电线电缆，从而引发触电伤害事故。同时，上文也有提到，触电伤害类施工安全事故可能引发二次事故，如火灾等。

5.2.9　重要岗位

此处所指重要岗位是指重要的机械设备或者车辆等的操作室或操作岗位，重要岗位可能引起上文所提到的五种施工安全事故的任意一种，因此重要岗位需要单独进行分析和研究。例如，塔吊的控制室可能发生塔吊操作人员从塔吊摔落的高处坠落事故，施工机械的操作人员可能由于工作失误而发生碰撞类机械伤害事故。重要岗位作为一个施工现场的不安全环境因素，其引起的施工不安全区域也有其独特的划分方式。

综上，通过对施工现场不安全环境因素的梳理和分类，明确了各种不安全环境因素可能引发的施工安全事故，对施工现场的不安全环境因素和施工安全事故之间的关系有了直观的认知。

5.3　环境安全规则构建

利用 BIM 和定位技术对施工安全事故进行预警的基本原理是将任意时刻的施工现场实际情况通过虚拟建模的方式反映到虚拟平台系统中，并识别施工现场的不安全区域和作业人员的工作属性，据此判断作业人员是否处于正确、合理和安全的工作位置。为此，下面将对施工现场不安全环境因素所引发的不安全区域进行更详细地分析。通过对施工现场的不安全区域进行分类，将施工现场存在不安全环境因素和事故隐患的场所划分为不同的类型，并对不安全区域的范围进行识别和界定，制定相应的不安全区域范围的界定规则，以支持基于 BIM 的不安全环境自动识别。

本节结合上述施工不安全环境因素的分析，将施工不安全环境因素引发的不安全区域分为高坠区、落物区、碰撞区、坍塌区、触电区和重要岗位等六类，分别对应上文所述的五种典型施工安全事故。其中重要岗位可能引起上述五种典型施工安全事故的任意一种，因此需要单独提出进行分类研究。具体阐述如下，并对其范围界定进行安全规则的制定。

5.3.1　高坠区

高坠区对应的经常发生的安全事故类型是高处坠落事故。通常应该被判断为可能形成高坠区的施工不安全环境因素包括：基坑、洞口、临边、脚手架、塔吊等。不同的施工不安全环境因素对应着不同的不安全区域，也对应着不同的不安全区域划分和范围界定规则。

依据规范的规定，各施工不安全环境因素导致的不安全区域的划分和界定规则如下：

（1）基坑成为高坠区施工不安全环境因素的条件为：深度大于等于2m。当满足该条件时，将基坑边缘外扩1m范围内界定为高坠区（可根据具体要求重新界定范围，下同）。

（2）洞口成为高坠区施工不安全环境因素的条件为：洞口直径大于等于50cm。当满足条件（50cm≤洞口直径<100cm）时，将洞口边缘外扩50cm范围内界定为高坠区；当满足条件（洞口直径≥100cm）时，将洞口边缘外扩1m范围内为高坠区。

（3）临边成为高坠区施工不安全环境因素的条件为：临边高度大于等于2m。当满足该条件时，将临边边缘以内1m范围内界定为高坠区。

（4）脚手架成为高坠区施工不安全环境因素的条件为：脚手架作业面高度大于等于2m。当满足该条件时，由于通常情况下脚手架的作业面较为狭窄且失足也可能发生在脚手架踏板上，故将整个脚手架作业面以上的范围都界定为高坠区。

（5）塔吊发生高处坠落事故通常是在操作人员或检修人员攀爬塔吊的过程中，因此塔吊成为高坠区施工不安全环境因素的条件是：塔吊操作室的高度大于等于2m。当满足该条件时，塔吊的攀爬楼梯及操作室内为高坠区。

5.3.2　落物区

落物区对应的经常发生的安全事故类型是物体打击事故。通常应该被判断为可能形成落物区的施工不安全环境因素包括：脚手架、塔吊/吊车、墙等。按照规范的规定，各施工不安全环境因素的不安全区域的划分和界定规则如下：

（1）脚手架发生物体掉落打击伤人事故主要是在工作面以下的范围内，因此将脚手架工作面以下及其垂直投影外扩 1m 范围内界定为落物区（可根据具体要求重新界定外扩范围，下同）。

（2）塔吊/吊车成为落物区施工不安全环境因素的条件为塔吊或吊车正在吊运物体。当满足该条件时，将以塔吊或吊车吊钩的垂直投影为圆心，5m 半径范围内界定为落物区。

（3）墙作为落物区施工不安全环境因素之一，将墙外围轮廓 2m 范围内界定为落物区。

5.3.3　碰撞区

碰撞区对应的经常发生的安全事故类型是机械伤害事故。通常应该被判断为可能形成碰撞区的施工不安全环境因素包括：机械设备、塔吊/吊车等。按照规范的规定，各施工不安全环境因素的不安全区域的划分和界定规则如下：

（1）机械设备成为碰撞区施工不安全环境因素的条件是这些机械设备处于工作状态。按照本文界定，机械设备包括施工现场的施工机械、运输车辆等，且通常这些机械设备的轮廓较大。因此，当满足上述条件时，将机械设备轮廓外扩 2m 范围内界定为碰撞区（可根据具体要求界定外扩范围，下同）。

（2）塔吊/吊车发生碰撞事故的主要原因是悬吊物与作业人员之间或悬吊物与悬吊物之间发生碰撞，或者悬臂与悬臂之间或悬臂与吊机机身之间发生碰撞。因此，当塔吊/吊车处于工作状态时，将悬吊物轮廓外扩 2m 范围内界定为碰撞区；将悬臂所处平面内以机身为圆心，悬臂长为半径的圆形范围界定为碰撞区。

5.3.4　坍塌区

坍塌区对应的经常发生的安全事故类型是坍塌事故。通常应该被判断为可能形成坍塌区的施工不安全环境因素包括：基坑、脚手架等。按照规范的规定，各施工不安全环境因素的不安全区域的划分和界定规则如下：

（1）基坑发生坍塌事故主要是在基坑边缘，当基坑发生坍塌事故时，基坑边缘以外或者以内都可能造成人员的伤亡，因此将基坑边缘同时外扩和内扩 2m 的范围内界定为坍塌区（可根据具体要求重新界定影响范围，下同）。

（2）脚手架发生坍塌事故的主要原因是脚手架设计不合理或者受力不合理，同理将脚手架垂直投影外扩 2m 范围内界定为坍塌区。

5.3.5 触电区

触电区对应的经常发生的安全事故类型是触电伤害事故。通常应该被判断为可能形成触电区的施工不安全环境因素主要包括电线/电缆等。按照规范的规定，将以电线/电缆为中心，左右各扩宽 1m 的带状区域界定为触电区（可根据实际情况而定）。

5.3.6 重要岗位

重要岗位对应的经常发生的安全事故类型包含五种典型的施工安全事故中的任意一种。通常应该被判断为重要岗位的施工不安全环境因素主要包括施工机械、设备、运输车辆等的操作室，因此将此类操作室界定为重要岗位。

针对以上定义的六种施工现场不安全区域（高坠区、落物区、碰撞区、坍塌区、触电区和重要岗位），表 5-1 详细展示了其识别和范围界定的具体规则。

不安全区域界定规则

表5-1

不安全环境因素	不安全区域界定规则		
	界定条件	界定规则	区域类型
基坑	深度 ≥ 2m	基坑边缘外扩 1m	高坠区
	—	基坑边缘外扩和内扩 2m	坍塌区
洞口	0.5m ≤ 洞口直径 <1m	洞口边缘外扩 0.5m	高坠区
	洞口直径 ≥ 1m	洞口边缘外扩 1m	高坠区
临边	临边高度 ≥ 2m	临边边缘以内 1m	高坠区
墙	—	外围轮廓 2m	落物区

续表

不安全 环境因素	不安全区域界定规则		区域类型
	界定条件	界定规则	
脚手架	作业面高度 ≥ 2m	作业面以上	高坠区
	—	作业面以下及垂直投影外扩 1m	落物区
	—	脚手架垂直投影外扩 2m	坍塌区
施工机械	工作状态	施工机械轮廓外扩 2m	碰撞区
运输车辆	工作状态	施工机械轮廓外扩 2m	碰撞区
塔吊/吊车	操作室高度 ≥ 2m	攀爬楼梯及操作间	高坠区
	—	以悬吊物垂直投影为圆心，5m 为半径的圆形区域	落物区
	悬吊状态	悬吊物轮廓外扩 2m	碰撞区
	旋转状态	以机身为圆心，悬臂长为半径的圆形区域	碰撞区
电线/电缆	通电状态	以电线/电缆为中心，左右各宽 1m 的带状区域	触电区
重要岗位	—	重要机械设备车辆等的操作车间为重要岗位	重要岗位

通过建立针对现场不安全区域的识别规则，可以有效支持基于 BIM 的不安全环境自动识别的实施，进而结合现场作业人员的具体位置实现安全预警，减少甚至杜绝因作业人员擅自进入不安全区域而引发的施工安全事故。

5.4　基于 BIM 的不安全环境因素自动识别方法

将上述环境安全规则与 BIM 相集成，可以实现基于 BIM 模型的不安全区域自动识别与标识。下面对相应的不安全区域自动识别原理进行阐述，主要关注危险区域的计算规则。

对于不同的危险区域，区域边界定义与计算并不相同。例如：若隐患来自平面构件，如洞口和临边，那么危险区域就是按照计算规则在洞口和临边的基础上向楼板延伸一定距离；若隐患来自垂直构件，如可能倒塌的模板，那么危险区域就需根据构件尺寸以及可能倒塌的方向来确定；若隐患来自固定机械，如塔吊吊物，那么危险区域就是吊物的可能落点。此外，在计算危险区域时，不同形状危险区域的计算规则也不相同。危险区域形状大体可分为圆形和多边形两种。对于圆形区域，如圆形洞口，危险区域的参数就是圆心和半径，圆心即洞口圆心，半径则是指洞口半径加上工人反应距离。对于多边形区域，危险区域的参数就是各个顶点坐标，顶点坐标可由相关构件坐标和工人反应距离计算得出。例如，一块未设置任何防护措施的楼板（图 5-1），四个顶点坐标分别是 (x_1, y_1)、(x_2, y_2)、(x_3, y_3) 和 (x_4, y_4)，工人反应距离为 r，则危险区域顶点坐标就是 (x_1, y_1)、(x_2, y_2)、(x_3, y_3)、(x_4, y_4)、(x_1+r, y_1+r)、(x_2+r, y_2-r)、(x_3-r, y_3+r) 和 (x_4-r, y_4-r)，封闭区域是一个矩形环，即危险区域。

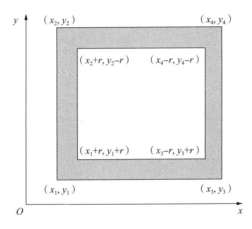

图 5-1　未设置任何防护措施的楼板形成的危险区域示意图

基于上述计算规则，在本书总结出的危险环境因素中，需按照多边形计算法则计算的危险区域包括基坑、洞口和模板；需按照圆形计算法则计算的危险区域包括圆形洞口和吊物投影区域。在计算规则中，较为特殊的一类危险因素是在钢筋搬运过程中接触电线。电线形成的危险区域是线条，而钢筋的形状虽然固定，但是由于起吊位置不同，其可能活动范围是以吊钩为圆心，最大半径为 6m 的圆形。因此，在这一类危险区域的计算中，并不是对 BIM 模型中的现场环境信息进行处理，而是对定位对象进行处理。除了起吊钢筋外，其他塔吊吊物形成的危险区域也应按照上述方法进行计算，数据处理模块应在获得吊钩位置后，以吊钩位置投影为圆心，形成圆形危险区域。其他计算参数可见表 5-2。从而，结合 BIM 中构件的属性信息，可进行不安全区域的自动识别与计算。

危险环境因素识别与计算规则　　　　　　　表5-2

危险环境因素	计算规则	危险区域形状
基坑深度超过2m而无防护	基坑边缘外扩1m	多边形
洞口临边无防护	洞口临边外扩1m	圆形或多边形
支模拆模区域无标识	模板边缘外扩1m	多边形
机械设备到基坑边缘的距离太近	基坑边缘外扩安全距离	多边形
基坑基槽未按规定支护		
塔吊起重钢丝绳磨损、断丝超标	以吊钩垂直投影为圆心，35m为半径的圆形	圆形
塔吊索具不达标		
塔吊限位、保险装置不起作用		
起吊钢筋下方站人		
塔吊接料		
钢筋搬运碰到电线	电线附近	—
机械作业位置距离电缆不超过1m	以电缆为中心，宽2m的带状区域	—

第 6 章
集成 BIM 的施工安全管理平台

本章将结合上述 BIM 辅助安全管理的思想，阐述基于 BIM 的施工安全管理平台架构，并介绍相应的原型系统及其主要功能。平台主要包括两部分，即设计阶段的不安全设计因素自动识别系统，以及施工阶段人员不安全行为监控预警系统。

6.1 不安全设计因素自动识别系统

在不安全设计因素自动识别机制框架的基础上，构建了不安全设计因素自动识别系统框架，其中系统由数据模块和功能模块组成。在系统初步开发过程中，根据行业软件工具应用情况，选择了 Unity 3D 和 Autodesk Revit 作为系统实施的基础工具。在应用效果示例中，以某洞口不安全设计因素为例，通过 Revit 建立 BIM 模型，并导入 Unity 3D 中，在脚本支持下展示了系统的工作界面以及工作过程中的效果。

6.1.1 系统基本架构设计

不安全设计因素自动识别机制要求，在 BIM 技术和设计安全规则的支持下，通过施工模拟分析、专家分析等手段校验设计方案的构件参数与安全规则参数，自动识别出不安全设计因素，并将识别结果通过 BIM 模型可视化地展现出来，同时设计师可通过 BIM 模型实现与各专业方的协同修改，并且依靠参数化建模的优势快速优化设计方案，获得检查报告。为了实现该识别机制，基于 BIM 的自动识别系统需要实现以下功能：一是能够在施工开始之前就识别出设计不安全因素并将之可视化，为消除一部分不安全因素提供参考数据；二是为施工阶段提供包含预防方案、危险区域、安全措施等信息的安全模型和识别报告，识别报告中包含不安全因素清单和处理措施清单，从而使现场管理者可在该模型基础上对现场进行安全监控，或者采取某些安全设备、技术进行安全事故预防。

实现这些功能的系统能够解决以下问题：

（1）避免施工方和设计方就安全设计有不同意见或者施工方对设计方案细部设计不清楚的情况，减少施工方因为不按设计意图进行安全管理的情况；

（2）减少设计方因安全知识技能不足而导致的设计不合理情况；

（3）减少设计方设计不合乎规范要求而导致事故的情况；

（4）避免施工方安全管理因无章可依而忽略项目独特性的情况。

基于上述功能需求分析，本系统将以 BIM 为基础平台，以 IFC（Industry Foundation Classes）为模型建立和传输的数据标准，支持设计师利用 BIM 技术识别不安全设计因素，并与施工方通过 BIM 平台实现交互操作，从而实现设计—安全管理的目标，如图 6-1 所示。

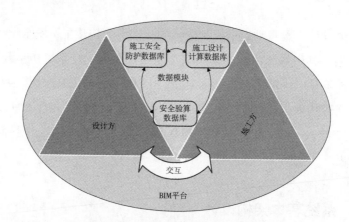

图 6-1　设计 - 安全管理模型

整个系统的基本框架如图图 6-2 所示，分为三层：数据层、功能层和应用层。其中，数据层为功能层的不安全设计因素识别提供基础数据；功能层实现不安全设计因素的识别；应用层则为使用者（设计方和施工方）提供最终的安全信息服务。

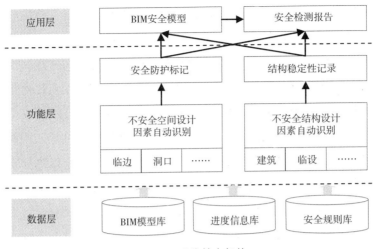

图 6-2 系统基本架构

数据层主要包括 BIM 模型库、施工进度信息库和安全规则库。其中，BIM 模型库涉及建筑信息模型、结构信息模型和临时设施模型。设计师可为三类信息模型赋予必要的属性参数，以支持设计要素识别、结构分析等。施工进度信息库则支持在不同施工阶段的不安全设计因素的识别。安全规则库由三个子数据库组成，即安全防护数据库、安全设计计算数据库和安全验算数据库。安全规则库不仅包含已转化为计算机语言的数据，也包含部分构件模型，相当于 Revit 里的某些族，如防护栏杆、安全网、防护棚等，从而能够在系统中调出安全防护措施。数据库作为系统的基础支撑，是一个开放的数据体系，特别是安全规则数据，能够根据系统功能需求对其进行扩展，从而支持通用规范和专项规范的扩充和修改。

功能层主要涉及不安全空间设计因素识别、不安全结构设计因素识别、安全防护标记和结构稳定性记录等功能。一方面，以建筑信息模型和临时设施模型为基础，结合安全规则实现对临边、洞口、脚手架等对象（空间因素）的识别与判断，然后对存在危险隐患的对象进行安全防护标记；另一方面，以结构信息模型和临时设施模型为基础，结合安全规则对结构构件、脚手架、临时支撑等对象进行稳定性分析，并记录相关分析数据。

应用层则结合对不安全设计因素的识别结果和 BIM 模型，生成包含不安全设计因素的 BIM 安全模型和检测报告。一方面，BIM 安全模型可以直观展示不安全空间设计因素相应的构件 ID、位置、作业时点，以及防护措施或危险区域等，该模型能够在施工阶段用于安全监控等。以建筑信息模型为例，与安全相关的构件主要以门、窗、电梯、楼梯等形式存在，而这些构件在施工阶段以洞口的形式出现，施工方在系统输出的 BIM 安全模型基础上，可以对指定的洞口进行安全防护布置。另一方面，BIM 安全模型也可以直观展示不安全结构设计因素的构件 ID、位置、作业时点，以及稳定性计算和验算结果。同时，设计方和施工方可对不安全设计因素的性质和潜在风险进行评估，以弥补安全规则定量分析的不足。施工方根据现场实践经验对特殊的不安全构件进行分析，并对与实际施工冲突的地方提供建议，设计方则参考施工方建议对设计方案进行完善或者标记危险区域。另外，在完成整个检查流程后，系统形成统一的检查报告，记录不安全设计因素所对应的构件 ID、参数、安全规则编码等信息，如表 6-1 所示。

识别结果检查示意表   表6-1

构件 ID	参数	规则编码	位置			施工时间点	措施
			X	Y	Z		
01010001	$R \leqslant 2.5$						无
01010002	$R \leqslant 25$	A01-0101JGJ80-3022					盖板
01010003	$R \leqslant 50$	A01-0102JGJ80-3022					盖板
01010004	$R \leqslant 150$	A01-0103JGJ80-3022					钢筋防护网
01010005	$R \geqslant 150$	A01-0104JGJ80-3022					防护栏杆，洞口下设安全平网
01010006	$H=0$	A01-0105JGJ80-3022					防护栏杆 / 防护门，挡脚板
01010007	$H \leqslant 80$	A01-0106JGJ80-3022					1.2m 高的临时护栏
01010008	$H \geqslant 81$	A01-0107JGJ80-3022					
02010001	$h_1>2m$; $0<=h_2<0.8m$	A02-0101JGJ80-3011					防护栏杆
02010002	$H>=3.2m$	A02-0101JGJ80-3011					防护栏杆

说明：h_1 指边缘垂直高度，h_2 指附属物高度，如窗台高度。

该系统的工作模式如图 6-3 表示，包括支撑 BIM 建模和模型操作的 Revit 和 Unity3D 等软件，以及支撑系统运行和应用的服务器和 PC 端等硬件。在此系统中，首先基于设计方案建立 BIM 模型，然后在安全规则支持下通过可视化过程模拟与运算等功能进行不安全设计因素分析，最后通过 PC 端显示并实施操作，各参与方根据识别结果可协同改善方案，消除或减少不安全设计因素的影响。

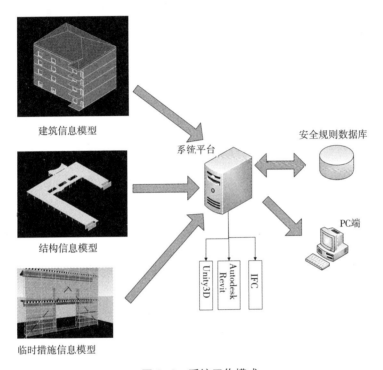

图 6-3　系统工作模式

6.1.2　系统主要模块设计

本系统将以 BIM 模型为对象，在安全规则支持下实现不安全设计因素的识别，而这一过程的实现，既需要界定系统中的数据模块，又需要定义支持系统运行的功能模块。

1. 数据模块

该系统的数据来源主要包括两个方面，是基于设计方案建立的 BIM 模型，二是安全规则数据库。如上节所述，BIM 模型分为三类：建筑信息模型、结构信息模型和临时措施信息模型，而安全规则数据库分别由施工安全防护数据库、安全设计计算数据库和安全验算数据库组成，它们之间的对应关系如图6-4所示。

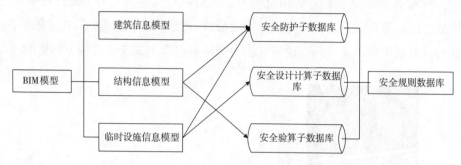

图6-4　BIM子模型与安全规则子数据库关系对应图

（1）BIM模型数据

由于子模型所涉及的参数类型要求不同，在设计师赋予BIM模型构件信息时，需要根据本专业的特点和系统需求设置所负责的模型参数，模型的类型及构件主要参数如图6-5所示。其中，建筑信息模型主要涉及构件空间位置、几何尺寸等直接参数，其门窗、楼梯、栏杆等构件的设计参数决定了该构件是否属于高空坠落和物体打击的类型范围，而构造参数则用于进一步确认是否属于安全防护的规则类型和具体规则。结构信息模型则主要关系到结构坍塌事故，系统主要是针对其特点进行安全验算，因此需要构件自重荷载、材料等直接参数和荷载、荷载组合等间接参数，然后根据抗力模型等对这些参数进行模拟验算；另外，由于结构信息模型中也包含一些涉及安全防护的构件，因此设计师需要赋予模型中的洞口、屋面边缘等构件直接参数，以便系统可以按照安全防护规则进行识别。临时设施信息模型主要包含自重荷载、材料等直接参数和荷载、荷载组合等间接参数，系统可根据抗力模型等安全规则对整个临时设施的稳定性进行计算，从而校验该子模型的可靠性，同时根据构件的位置等设计参数判断是否采取安全防护规则。

由于设计方的作业习惯以及建模软件的特点，BIM模型中有些构件并非以洞口、临边等事故主体的形式直接表示，此时在BIM模型中与之相对应的因素就是不安全设计因素，如与楼梯口对应的不安全因素是楼梯，与电梯口对应的不安全因素是电梯；也存在事故主体本身就是不安全因素，如脚手架上由高度增长而逐步增设的安全网，可以认为其是物体打击的主体，而本身也会因设计错误而导致

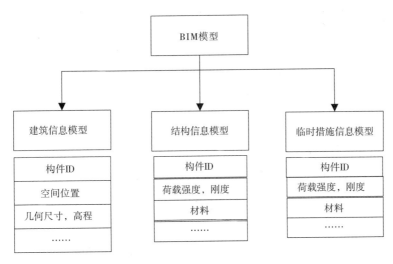

图 6-5　BIM 模型信息构成图

坍塌，因此脚手架整体也是一个不安全因素，包括杆件、连接件、通道口及其本身等。设计师在赋予构件直接参数后，系统需要能够根据子模型的具体类型而识别构件的不安全因素性质，进而对应子数据库实施识别程序，如建筑信息模型中洞口相对应的不安全因素有楼梯、电梯以及门窗等，与临边相关的则是楼板、通道、楼梯等，如图 6-6 所示。据统计，实施防护措施的事故主体主要包括洞口、临边、基坑边等，实施危险区域标记的则包括塔吊、脚手架等临时措施。由于空间不安全因素往往与某些构件直接相关，参数也接近或相同，如外墙洞口的尺寸通常与其对应的门窗尺寸几乎相同，因此该识别过程通过获取构件参数进行。设计师在设计过程中需设置这些不安全因素构件 ID，然后赋予构件的尺寸和高程等参数。

（2）安全规则数据库数据

　　针对现有行业设计规范的种类和事故类型防范特点，设计安全规则可分为防护、设计计算和设计验算三种类型，安全规则数据库也依据规则类型分成三个子数据库，即安全防护数据库、安全设计计算数据库、安全验算数据库。每个数据库的数据依照事故主体进行细化分类，每条规则从属于某个属性下的事故主体，如图 6-7 所示。由于每个子数据库对应着一定范围的事故主体，因此子数据库的补充也依照事故主体所属规则范围而定。另外，考虑到在实施安全防护规则过程中需要实现对不安全因素的防护效果可视化，安全防护子数据库需要提供防护工具等模型以便与导入的 BIM 模型进行匹配，因此该子数据库拥有防护工具参数

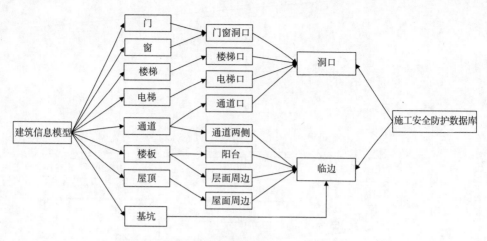

图 6-6　建筑信息模型构件与不安全因素对应关系

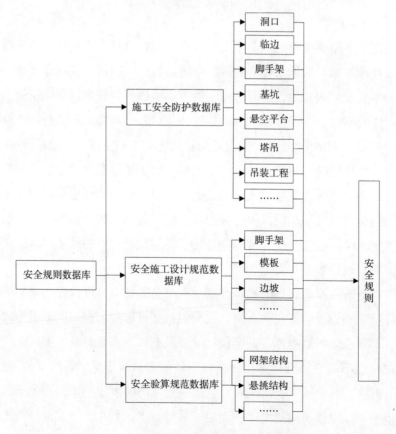

图 6-7　安全规则数据库不安全因素构成略图

化模型储存的空间。

众多规范条款由自然语言构成，数据类型不仅包含几何形状描述的视觉数据，如材质、构造、尺寸、荷载等，还包含大量非几何数据，如材料强度、性能、计算公式以及文本等。根据系统应用的需要，按照安全规则构建方法，将这些语言编译成可被计算机识别的形式，其中将直接参数直接输入对应的子数据库中，间接参数则包含荷载、荷载组合、抗力模型以及计算公式等。由于每条规则都具有唯一的编码，数据库根据规则编码储存条款原文，从而保证特殊环境下设计师有章可循。

虽然 BIM 模型与安全规则体系分别充当着数据库的角色，但是两者的作用不同，其中 BIM 模型涵盖的是设计方案信息，包含着构件 ID、参数等设计信息，是一个移动数据载体；而安全规则体系则包含数字化的规则信息、规则编码等规范信息，其作为一个固定"模型槽"，在系统平台中对 BIM 模型按照识别流程进行检查，从而识别出不安全设计因素。

2. 系统功能模块

本系统的功能模块主要包含输入模块、运算模块、存储模块和输出模块，每个模块的功能如图 6-8 所示，四个功能模块彼此之间相互联系，以模型为载体实现信息的交互和传输。

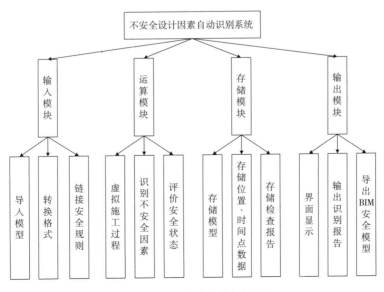

图 6-8　系统功能模块框架

（1）输入模块

首先构建相应的 BIM 模型，即建筑信息模型、结构信息模型和临时措施信息模型，每个模型中都设置构件 ID 和相应的参数，然后将 BIM 模型实时导入已经集成安全规则数据库的 Unity3D 平台中，系统能够自动获取、维护设计参数。其中，模型以 IFC 标准格式导入系统中，进入系统后能够与安全规则数据库中的数据兼容，从而使运算模块正常进行。在本系统中可以对模型进行二次处理，如增加地形、材质编辑等，从而与施工现场的实际情况更加接近，以方便设计师和工程师结合设计方案外的一些因素考虑整体安全。

（2）运算模块

基于导入的 BIM 模型，首先对模型中的构件 ID 进行识别，筛选出构件名称 ID 与规则编码相关的构件，进而运行安全规则检查模型中构件的参数以识别不安全因素。安全规则的运用依次对建筑信息模型、结构信息模型和临时措施信息模型进行检查，记录不安全因素的参数和标识 ID。在此过程中，由于某些特殊构件或者临时措施（如脚手架）只有在施工过程中才可能成为不安全因素，因此系统利用 BIM 模型实施虚拟施工，通过添加活荷载等动态参数对构件进行检验，从而对特殊节点的安全状态进行评价。最后，对不安全空间设计因素（如洞口、临边）所对应的防护措施和危险区域进行标注；按照参数公式进行安全验算和设计计算，对与安全规则冲突的构件进行标记。在此环节，有时需要由设计师和施工方共同对冲突进行交互操作，双方从数据库中调用安全规则数据对不安全因素进一步了解，从而实现对设计方案的协同修改，实现对关键构件施工的安全预测和防护。另外，此模块能够实时更新数据，以保证数据库的升级和扩充。

（3）存储模块

在完成运算分析后，需要对检查结果进行存储。一方面，记录不安全因素的参数（如构件的时间点、位置等）以及关键修改注释，以指导设计方优化设计方案，最终形成 BIM 安全模型以及检查报告，存储修改或完善后的 BIM 模型及报告；另一方面，将无法在 BIM 模型中显示的一些防护措施、危险区域等信息以相应的格式存储在检查报告中，而此检查报告能够以独立电子文档的格式输出。对于在识别过程中产生的新的防护工具模型，可自动按照类型归类储存，以不断补充安全防护子数据库。

（4）输出模块

在完成不安全因素的自动识别和模型优化后，该系统能够将BIM安全模型通过界面直观展示，以高亮的形式强调不安全因素，并附以相应的具体参数，使设计师获取所触犯规则的参数。设计师可以通过界面导航在系统中直观交互地观察过程成果。系统的输出对象包含两个部分，一是能够输出最终的含有不安全因素信息的BIM安全模型，各方可以在模型中观察不安全因素的具体情况；二是输出包含防护措施、危险区域等信息的检查报告，以便于施工方在其指导下完成相应的工作，为处理隐患提供依据。

本系统在安全规则方法的基础上，从安全规则的作业机理和作业流程两个方面设计了其应用机制，通过匹配设计构件ID与安全规则编码的形式识别不安全因素。这不仅弥补了设计方的设计工具自动性不足，还可以使各参与方更好地参与进来，促进安全管理在设计阶段的协同工作。

6.1.3　系统应用效果展示

以空间不安全因素识别为例展示系统应用的效果。首先，建立建筑信息模型并导入系统中，系统获取安全规则数据库事故主体相对应的构件ID和参数。由于空间不安全因素的首要决定条件是标高，因此根据标高不小于2m为界限，对构件按照由易到难的优先次序逐级检查构件参数。通过对楼梯、电梯、门窗以及外墙和楼板关系识别洞口、临边等不安全因素，由系统分析处理措施，即采取防护措施还是标记危险区域，并自动标识。工作流程如图6-9所示。

本文用Autodesk Revit建立某建筑信息模型，并以某个窗构件为不安全因素识别对象。在模型建立过程中，首先系统会自动分配每个构件的ID。由于模型涉及的构件种类少，主要有窗、门和楼梯，因此ID设为八位，模式为01010×01——01010×××，前四位为构件名称ID，而后四位为标识数据ID。其中，窗户的标识数据ID是0001-0012，门的标识数据ID是0101-0104，楼梯的则是0201-0203。由于在Revit中族类分为内建族、系统族等四类，在选择族后设置参数，包括高度、宽度、底高度等，然后系统根据设计师放置的楼层而自动确定标高，并自动获取该窗户的坐标；最后设计师可以根据进度安排设置该构件的时间节点，并附上特殊注释，以提醒后续工作应注意的地方，界面示意如图6-10所示。

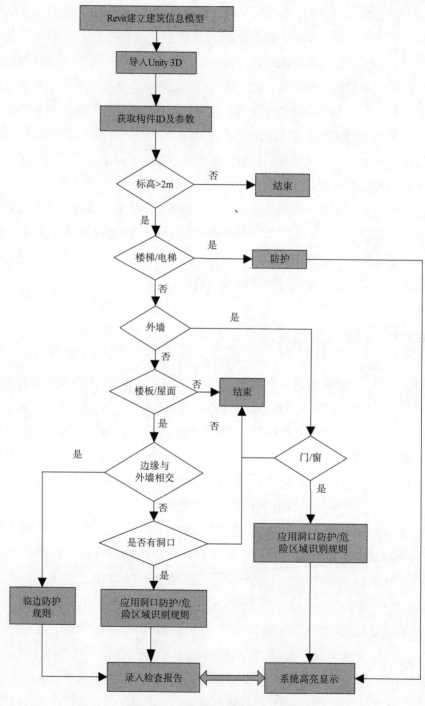

图 6-9　空间不安全因素识别流程图

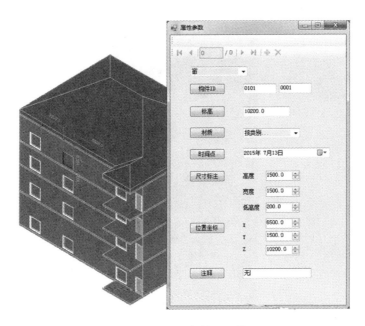

图 6-10　构件参数设置界面

在 BIM 模型建立后导入 Unity3D 中，通过 JavaScript 编辑脚本的支持对相应洞口的窗户作为不安全因素进行识别。系统获取其构件名称 ID0101，与编码为A01-01×××××××-×××× 系列的安全规则初步匹配，从而获得可能导致高处坠落的不安全因素——洞口。然后，系统调出该构件属性参数，识别出某些窗的所在楼层标高为 H=10.2m，窗的底边距离所在楼层楼板高度为 h=0.2m，高度和宽度都为 1500mm，进而系统根据编码为 A01-0104JGJ 80—3022 的安全规则判断出该窗的尺寸超过 1.5m，认定其为不安全因素，可能导致高空坠落事故，需要设置 1.2m 高的防护栏杆，不需危险区域标志，如图 6-11 所示。

系统通过界面将检查结果显示出来，设计师通过系统确认识别结果及处理措施，之后栏杆以构件的形式设置在窗口，并将识别结果输出到检查报告中；如果不认可，则可以在处理措施方面输入新的措施或者采用其他规则。在系统界面显示的识别结果分为两部分，一部分是构件属性，包括构件 ID、位置、尺寸等参数以及处理措施；另一部分是检查结果，如图 6-12 所示。在检查报告中，记录了该窗户的位置坐标和时间节点。通过本系统导出相应的 BIM 安全模型和检查报告，能够被施工方观看和操作。

图 6-11　系统检查结果

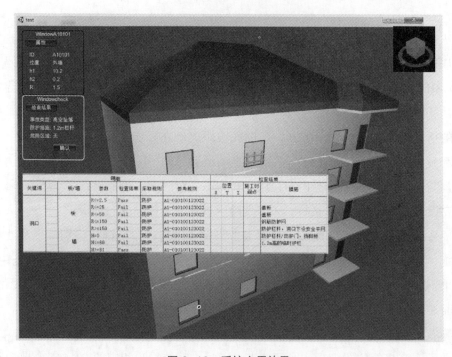

图 6-12　系统应用效果

6.2　施工人员不安全行为监控预警系统

结合前文理论分析，将 BIM 技术和定位技术集成起来，构建了施工现场人员不安全行为预警系统，并对系统进行了一定的初始设计，阐述了系统的基本工作机制。此外，通过一个试验案例阐述和解释系统的工作机制和效果。

6.2.1　系统初始设计

为了构建施工人员不安全行为预警系统的基本架构，先对系统进行相应的初始设计，分别对工作人员属性划分、不安全区域划分、不安全区域危险等级划分和施工事故预警等级划分提出初始设计方案。

1. 工作人员属性划分

按照施工现场工作人员作业时对不安全环境因素的作业性质，将工作人员划分为四个不同属性的类别：操作人员、作业人员、检修人员和其他人员，并相应地赋予他们不同的工作权限，分为四个级别：A 级、B 级、C 级和无权限级，如表 6-2所示。

工作人员属性划分　　　　　　　　　　　　　　　　　表6-2

人员属性	权限等级	说明
操作人员	A 级	对相应的施工机械和设备车辆等具有操作的权限
作业人员	B 级	有在可能存在危险的工作区域内正常作业的权限
检修人员	C 级	机械设备等发生故障时有进入该区域进行维修工作的权限
其他人员	无权限	没有进入任何不安全区域的权限

（1）操作人员

操作人员是针对施工机械、设备设施等需要由工作人员操作的不安全环境因素以及重要岗位类不安全环境因素而设立的权限级别。该类级别的工作人员拥有最大的权限（即 A 级工作权限），在工作时间内可以任意进入施工机械、设备设施等的操作岗位。当该类级别的工作人员处于相应的岗位时，会接收到来自系统发出的提示信号，提醒其在本岗位需要注意的事项，提示信号会预先设置并存储在系统中。例如，塔吊操作人员在操作塔吊时，预警系统会发送"请注意其他塔吊及周围工作人员，小心碰撞"之类的语音提示。

（2）作业人员

作业人员的涵盖范围最广，通常在施工现场进行正常作业的人员都可以归入此类，包括钢筋工、模板工、混凝土工、电工、信号工等。该类级别的工作人员拥有 B 级工作权限，在进行正常工作时，可能会处于不安全区域之外，也可能因为工作的关系有意无意地进入到不安全区域之内，这时系统会向该类级别的工作人员发出预警，根据不同危险等级的不安全区域（不安全区域的危险等级划分将于下文进行阐述）发出不同的预警信号，提示工作人员身处的不安全区域类型、危险等级和需要注意的安全事项。

（3）检修人员

检修人员也是针对施工机械和设备设施而言的，当施工机械和设备设施发生故障需要工作人员来进行维修时，检修人员会进入到现场进行检修工作。一般情况下，检修人员的检修对象往往就是施工现场的不安全环境因素，他们身处的环境通常都是不安全区域的中心。该级别的工作人员被赋予 C 级工作权限，当发生这种情况时，系统会向该类级别的工作人员发出不同的预警，提示工作人员身处的不安全区域类型、危险等级和注意事项。

（4）其他人员

其他人员是对施工现场除了操作人员、作业人员和检修人员以外的所有人员的统称，最常见的有非施工人员擅自进入施工现场，非本工作区域的工作人员进入本工作区域等。该类级别的工作人员被认为是没有权限进入施工现场或者施工现场的某些区域，因此当系统发现有此类人员处于不安全区域时，即会发出报警提醒其离开。

各权限级别的工作人员详细说明如表 6-3 所示。另外，还有一种比较特殊的情况是项目相关上级领导进入施工现场进行视察和管理工作，相关人员无法计入操作人员、作业人员、检修人员或者其他人员的任意一种，因此需要另行考虑。一般在施工现场对这部分人员采取关闭芯片接收报警信号或者选择没有此类芯片的安全装置的方式解决这类问题。

当然，对于不同的不安全环境因素和不安全区域来说，同一种工人在该区域的权限等级也是不同的。比如塔吊的操作工人，在塔吊的操作室里他的身份是 A

级权限操作工人，而在另外的区域如基坑边缘，则属于无权限的其他工人。因此，对同一种工人来说，在不同的区域需要对其设置不同的权限识别规则，这将在下节进行详细介绍。

不安全区域工作权限划分 表6-3

不安全环境因素	不安全区域类型	人员权限			
		操作人员 A级权限	作业人员 B级权限	检修人员 C级权限	其他人员 无权限
基坑	高坠区	—	②~⑨		①、⑩
	坍塌区	—	②~⑨		①、⑩
洞口	高坠区	—	②~⑨		①、⑩
	高坠区	—	②~⑨		①、⑩
临边	高坠区	—	②~⑨		①、⑩
墙	落物区	—	②~⑨	·	①、⑩
脚手架	高坠区	⑧	②~⑨/⑧		①、⑩
	落物区	⑧	②-⑨/⑧		①、⑩
	坍塌区	⑧	②~⑨/⑧		①、⑩
施工机械	碰撞区	①		⑩*	②~⑩
运输车辆	碰撞区	①		⑩*	②~⑩
塔吊/吊车	高坠区	①		⑩*	②~⑩
	落物区	—	—		①~⑩
	碰撞区	—	⑨		①~⑩/⑨
	碰撞区	—	—		①~⑩
电线/电缆	触电区	—	⑥		①~⑩/⑥
重要岗位	重要岗位	①			②~⑩

2. 不安全区域划分

按照前文对施工现场不安全环境因素的识别和不安全区域的界定，将不安全环境因素划分为9大类，将不安全区域划分为6类：高坠区、落物区、碰撞区、坍塌区、触电区和重要岗位。各类不安全区域的划分规则已在前文做出了详细规定，本节不再赘述。本节将基于上节的工作人员属性划分，把工作人员的属性与不安全区域的类型结合起来，分析和探讨各工种工作人员在不同类型和属性的不安全区域内被判定为不同工作权限的具体判定规则。

根据施工现场工作人员的工作性质和工作种类，将工作人员分为以下几个工种：①操作员；②混凝土工；③钢筋工；④木工；⑤瓦工；⑥电工；⑦焊工；⑧架子工；⑨接料员；⑩维修员等。操作员是指塔吊、吊车以及其他施工机械、设备、运输车辆等的司机或操作人员，混凝土工、钢筋工等其他几个工种分别是在施工现场负责相应工作部分的工作人员。各工种工作人员在不同不安全区域的工作权限，如表6-3所示。

其中，①~⑩数字分别表示与之相对应的工种的工作人员；⑩*表示只有在施工机械发生故障需要维修的情况下，⑩维修员才是作为检修人员可以进入该不安全区域，其他情况下⑩维修员只能作为无权限的其他人员对待；②~⑨/⑧表示除⑧架子工外，②混凝土工到⑨接料员之间的所有工种都将被视为某种权限的工作人员，如B级权限的作业人员。

3.不安全区域危险等级划分

不同的安全事故带来的伤害程度是不一样的，并且不安全区域发生安全事故的概率和严重性也与该不安全区域的类型有很大关系。本文将上述几个类别的不安全区域按照事故的严重程度和可能造成的伤亡事故的大小分为1~3级不同的危险等级，其中1级为最严重，3级为最不严重，如表6-4所示。

其中，高坠区、坍塌区、触电区引起的事故伤亡严重性最大，往往造成工人的死亡事故，故列为1级危险等级的不安全区域；落物区和碰撞区发生的安全事故造成工人的伤害概率较大，故列为2级危险等级的不安全区域；重要岗位中发生的安全事故主要引起其他工作人员的伤害，且事故伤害大小有一定的随机性，故列为3级危险等级的不安全区域。

不安全区域危险等级划分　　　　表6-4

不安全等级	区域说明
1级	高坠区、坍塌区、触电区
2级	落物区、碰撞区
3级	重要岗位

4.事故预警等级或模式划分

本书将事故预警模式分为四类：

（1）A类预警模式

A类预警模式针对具有A级权限的操作人员，发送振动信号及语音提示："作业人员位于＜不安全环境因素类型＞＜不安全区域类型＞，容易发生＜事故类型＞，注意查看规避周围人员。"

（2）B类预警模式

B类预警模式针对具有B级权限的作业人员，发送振动信号及语音提示："作业人员位于＜不安全环境因素类型＞＜不安全区域类型＞，容易发生＜事故类型＞，危险等级为＜危险等级＞，注意自身安全。"

（3）C类预警模式

C类预警模式针对具有C级权限的检修人员，发送振动信号及语音提示："作业人员位于＜不安全环境因素类型＞＜不安全区域类型＞，容易发生＜事故类型＞，危险等级为＜危险等级＞，注意自身安全，检修完成及时离开。"

（4）D类预警模式

D类预警模式针对无权限的其他人员，发送振动信号及语音提示："作业人员位于＜不安全环境因素类型＞＜不安全区域类型＞，容易发生＜事故类型＞，危险等级为＜危险等级＞，不具备逗留权限，迅速离开。"

6.2.2　系统基本架构设计

基于BIM和定位技术的施工人员不安全行为监测预警系统的基本架构，如图6-13所示，包括数据层、功能层和应用层等。其中，数据层为作业人员不安全行为监测与预警提供基础支持；功能层用于现场不安全环境因素的识别以及人员不安全状态的分析；应用层支持不安全行为识别结果的拓展应用。

数据层主要包括：BIM模型库（建筑信息模型）、施工信息库、工作人员信息库、机械设备信息库和环境安全规则库等。如前文所述，建筑信息模型可以利用数据接口从其他专业建模软件中导入本预警系统；施工信息包括建设项目的施工方案，由设计人员或施工人员提供；工作人员和机械设备的信息包括现场工作人员和机械设备的属性、定位坐标，以及工作人员安全装备佩戴情况等信息，其中定位坐

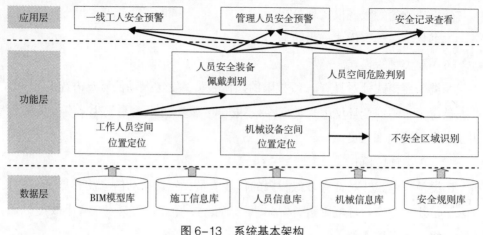

图 6-13   系统基本架构

标由传感器通过网络传输到系统中；环境安全规则是系统进行作业环境安全性分析的依据，支持不安全区域的判别，具体参照第 5 章。

功能层主要涉及工作人员空间位置定位、机械设备空间位置定位、不安全区域识别、人员安全装备佩戴判别和人员空间危险判别等。工作人员和机械设备的空间定位是根据人员和机械设备的实际坐标位置信息将其在虚拟系统里的相对位置计算出来，并与虚拟系统里的建筑模型相集成，即将工作人员和机械设备在施工现场的具体位置反映到虚拟建筑模型中。不安全区域识别，一是根据环境安全规则对建筑模型构件进行扫描，识别出施工现场已建构件中可能导致施工安全事故的不安全因素，并对其进行属性的定义和坐标位置的判定；二是根据上述机械设备的位置，明确相应的不安全区域。人员安全装备佩戴判别是根据获得的工作人员的属性信息和安全装备的佩戴情况等，计算工作人员是否佩戴了符合其工作性质的安全装备，如特殊岗位工作人员佩戴的安全装备通常比普通工作人员要求高。人员空间危险判别是根据工作人员的属性信息、不安全区域的属性信息以及人员进入不安全区域的判定规则，计算并判别人员是否处于不安全环境中。

应用层主要面向于一线作业工人和安全管理人员，涉及工人安全预警、管理人员安全预警、安全信息查看等。施工现场一线工人安全预警是根据工人自身的安全属性和安全状态判别结果，对其安全行为进行反馈；而施工安全管理人员预警则是在对工人预警的同时将工人不安全状态反馈给现场安全管理人员和远程监督的安全管理人员。反馈信息通过现场的传感器网络进行传输，本文为现场一

线工人和现场安全管理人员随身佩戴可以接收反馈信号的接收芯片（上文所述的
UWB芯片即可实现这一功能，其既有信号发射功能也有信号接收功能），以让他
们能随时接收反馈或者报警信号。远程监督的安全管理人员所接收到的反馈信号
则直接通过PC端的显示界面显示，该显示界面一方面实时显示施工现场的施工
进度情况，另一方面显示施工现场的安全性判定情况。通常反馈信号会以视觉或
听觉以及振动的方式实现。此外，安全管理人员还可以在PC端查看工人不安全
状态历史记录及其活动轨迹等。

　　该系统的工作模式如图6-14所示。卫星和传感器组成了系统的外部定位板块，
主要负责施工现场的信息收集工作；整个系统的核心是服务器和数据库组成的数
据计算和存储部分，数据的分析、处理、计算与反馈都是由这一部分完成的。其
中，粗线箭头表示不安全行为监测预警系统中数据信息的传输方向，数据信息在
服务器、数据库、用户PC端界面以及工作人员手持芯片之间传递，完成施工现
场工作人员及其他设施的安全性计算和反馈。

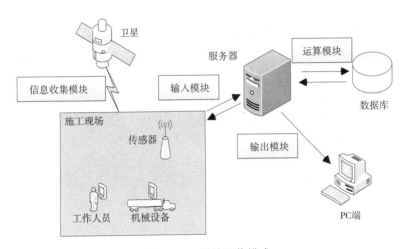

图6-14　系统工作模式

6.2.3　系统主要模块设计

1.数据模块

数据收集模块的主要功能是实时收集施工现场安全相关的数据，如建筑模型

数据、施工方案数据、目标定位数据、安全计算规则等。其中，项目施工方案信息将利用虚拟施工技术以施工进度模拟的形式在系统中展现出来；安全计算规则将利用程序语言以脚本的形式预先设置在系统中，供运算模块进行分析和计算时调用；建筑模型则需要利用软件进行构建；目标定位数据则利用综合定位系统获取。本节将重点阐述建筑模型的构建和定位目标的位置表达。

（1）BIM模型构建

BIM模型数据是监测预警平台实施的基础数据，可通过外部建模后直接导入系统。基于Unity 3D的虚拟集成平台有一个专门保存建筑模型文件的数据库，建模人员在模型建立完成后只需要将模型文件储存到这个数据库中，系统会自动提取和调用这些模型文件；同时，Unity 3D也赋予了虚拟集成平台实时的更新功能，当模型需要进行修改时，只需要直接修改并更新数据库中的模型文件即可，所有的修改会被直接识别并更新到虚拟系统的模型中。

图6-15所示为利用Unity 3D建立的一个简单化的施工现场模型。

图6-15　BIM模型构建示意图

（2）定位目标的位置表达

利用基于GPS和UWB的综合定位技术，可以对施工现场的室外部分以及室内部分的定位目标进行精确定位，其基本原理是利用集成了GPS芯片和UWB芯片的定位标签，计算该定位标签所处的坐标信息，以确定该定位标签与建筑模型以及不安全区域的相对位置关系。

施工现场的作业人员、不安全环境因素等都属于定位目标。如前文所述，作业人员的体积与施工现场相比非常小，可以用一个点坐标来表达；运输车辆等方形目标可以用最大矩形轮廓的四个角点的坐标来表达。然而，施工现场远不止这两种定位目标，不安全环境因素也需要进行定位。不安全环境因素中除了基坑、洞口、临边、墙等可以在建筑模型中直接读取出各自的位置坐标以外，其他的不安全环境因素都需要通过综合定位系统进行定位，因此更复杂的定位目标的位置表达方式需要进行明确。本节将施工现场的定位目标分为四个类别：点型目标、线型目标、面型目标和立体目标。

1）点型目标

点型目标最为常见的即是作业人员。作业人员由于相对体积较小，在虚拟系统中完全可以用点坐标的形式来表示，因此施工现场中只需为每个作业人员配备一个相应的定位标签即可，该标签可以通过一定的方式放置在工人的安全帽或者佩戴在作业人员的手腕上。重要岗位的操作间也可以作为点型目标进行坐标判定。

2）线型目标

线型目标最为常见的包括脚手架、基坑、临边、墙、电线、电缆等。基坑、临边和墙的坐标位置可以直接在建筑模型中读取出来，而脚手架、电线和电缆则需要在施工现场利用综合定位系统进行坐标位置的获取。线型目标的定位原理是将目标看成是线型的，脚手架则直接乘以脚手架的工作面宽度即为脚手架的作业面范围，如图6-16所示。

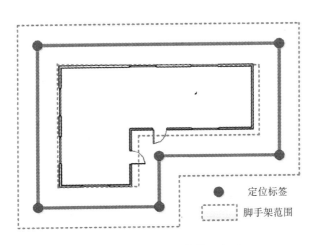

图6-16　线型目标定位示意图

3）面型目标

面型目标最为常见的有洞口、机械设备等。同样，洞口可以从建筑模型中读取坐标位置，机械设备则需要通过综合定位系统来获取坐标位置。一般来说，对于常规的机械设备，如运输车辆、挖掘机、推土机等，可将它们视为方形机械，以它们的最大矩形轮廓的四个角点作为定位目标，如图6-17所示。

4）立体目标

立体目标最为常见的即是塔吊。塔吊可能引发的施工安全事故包括发生在驾驶室内的高处坠落事故，发生在吊物上的物体打击事故以及发生在吊臂和吊物上的机械碰撞事故。因此，对于塔吊的定位，需要把驾驶室的位置、吊物的位置以及吊臂的位置定位出来。经过分析，至少需要三个定位点，才能确定塔吊的位置关系：驾驶室的位置、吊钩的位置和吊臂顶端的位置，如图6-18所示。

图6-17　面型目标定位示意图

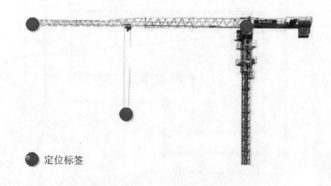

图6-18　立体目标定位示意图

2. 输入模块

输入模块的主要功能是对收集到的原始数据进行初步的分析和处理，使得这些数据可以被运算模块提取并进行更深入的计算。从数收集模块传输的数据包括建筑模型、施工方案、目标定位数据等。此时，目标定位数据还仅仅是单独的坐标信息，远不够供运算模块进行施工现场安全性的计算。因此，需要先对定位数据进行一些处理，包括统一他们的格式以及转换成同一个坐标系。

（1）综合定位数据坐标转换

GPS 定位获得的定位坐标是基于地球坐标系的，直接获得的坐标分别是定位目标的纬度、经度和高程，通常用（B，L，H）表示。而 UWB 定位和模型构建使用的均为左手直角坐标系，因此在进行坐标数据的输入前，需要将 GPS 坐标转换为左手直角坐标系坐标。

本书参考张希黔[69]在其博士论文中的分析和计算过程，取其转换公式如下：

$$\begin{pmatrix} x \\ y \\ z \end{pmatrix} = \begin{bmatrix} -\sin B_0 \cos L_0 & -\sin L_0 & \cos B_0 \cos L_0 \\ -\sin B_0 \sin L_0 & \cos L_0 & \cos B_0 \sin L_0 \\ \cos B_0 & 0 & \sin B_0 \end{bmatrix}^{-1} \cdot \left[\begin{pmatrix} X \\ Y \\ Z \end{pmatrix} - \begin{pmatrix} X_0 \\ Y_0 \\ Z_0 \end{pmatrix} \right]$$

$$\begin{pmatrix} X \\ Y \\ Z \end{pmatrix} = \begin{pmatrix} (N+H)\cos B\cos L \\ (N+H)\cos B\sin L \\ [N(1-e^2)+H]\sin B \end{pmatrix}$$

$$\begin{pmatrix} X_0 \\ Y_0 \\ Z_0 \end{pmatrix} = \begin{pmatrix} (N+H_0)\cos B_0\cos L_0 \\ (N+H_0)\cos B_0\sin L_0 \\ [N(1-e^2)+H_0]\sin B_0 \end{pmatrix}$$

式中，（x，y，z）表示定位目标的左手直角坐标系坐标，（B，L，H）表示定位目标在地球坐标系中的纬度、经度和高程，（B_0，L_0，H_0）表示左手直角坐标系原点在地球坐标系中的纬度、经度和高程。N 和 e 分别为地球的曲率半径和第一偏心率，为常数。

通过设定左手地平直角坐标系的原点，可以直接将 GPS 的定位数据转换成与建筑模型一致的坐标数据。

（2）混合定位坐标数据处理

将 GPS 定位坐标转换成左手地平直角坐标系坐标后，GPS 的定位数据和

115

UWB 的定位数据都可以直接传输到系统里进行计算，但是鉴于本文综合使用了两种定位技术，因此同一个定位目标很有可能同时受到两个定位技术的共同定位。在室外场所，定位目标受到 GPS 的定位，获得 GPS 定位坐标；在室内场所，定位目标受到 UWB 的定位，获得 UWB 定位坐标；而在室外场所和室内场所的分割处，定位目标同时受到两种定位技术的定位，即同时获得 GPS 定位坐标和 UWB 定位坐标。

对此本书的思路是同时使用这两种定位坐标，以加权平均的方式将两个定位坐标融合使用：

$$(x \quad y \quad z) = \alpha \cdot (x_1 \quad y_1 \quad z_1) + (1-\alpha) \cdot (x_2 \quad y_2 \quad z_2)$$

式中，$\alpha = \begin{bmatrix} \alpha_x & 0 & 0 \\ 0 & \alpha_y & 0 \\ 0 & 0 & \alpha_z \end{bmatrix}$，为定位坐标的加权矩阵 [70]，可以由预先的大量实验进行测量计算得到。

（3）定位目标数据格式定义

在本书中，定位目标包括作业人员和不安全环境因素：基坑、洞口、临边、墙、脚手架、施工机械、运输车辆、塔吊、电线/电缆和重要岗位。

本书统一按照（目标编号，坐标，时间）的格式给每个定位目标进行定位数据的组织，并按照（字母 + 两位数字 + 四位数字）的格式进行目标编号，其中字母代表定位目标的类型：（A 代表作业人员，B 代表不安全环境因素），两位数字代表作业人员或者不安全环境因素的类别，四位数字代表各自的编号。定位数据格式如下所示。

作业人员：（A01××××，(x_0, y_0, z_0)，T）。其中，01 可以分别用 01 操作员、02 混凝土工、03 钢筋工、04 木工、05 瓦工、06 电工、07 焊工、08 架子工、09 接料员、10 维修员等进行代替。

基坑：（B01××××，(x_1, y_1, z_1)，(x_2, y_2, z_2)，T）。其中，01 指基坑，属于线型目标，需要两个定位坐标来表达。

洞口：（B02××××，(x_1, y_1, z_1)，(x_2, y_2, z_2)，(x_3, y_3, z_3)，(x_4, y_4, z_4)，T）。其中，02 指洞口，属于面型目标，需要四个定位坐标来表达。

临边：（B03××××，(x_1, y_1, z_1)，(x_2, y_2, z_2)，T）。其中，03 指临边，

属于线型目标，需要两个定位坐标来表达。

墙：(B04×××× ，(x_1 ， y_1 ， z_1)，(x_2 ， y_2 ， z_2)，T)。其中，04 指墙，属于线型目标，需要两个定位坐标来表达。

脚手架：(B05×××× ，(x_1 ， y_1 ， z_1)，(x_2 ， y_2 ， z_2)，T)。其中，05 指脚手架，属于线型目标，需要两个定位坐标来表达。

施工机械：(B06×××× ，(x_1 ， y_1 ， z_1)，(x_2 ， y_2 ， z_2)，(x_3 ， y_3 ， z_3)，(x_4 ， y_4 ， z_4)，T)。其中，06 指施工机械，属于面型目标，需要四个定位坐标来表达。

运输车辆：(B07×××× ，(x_1 ， y_1 ， z_1)，(x_2 ， y_2 ， z_2)，(x_3 ， y_3 ， z_3)，(x_4 ， y_4 ， z_4)，T)。其中，07 指运输车辆，属于面型目标，需要四个定位坐标来进行表达。

塔吊：(B08×××× ，(x_1 ， y_1 ， z_1)，(x_2 ， y_2 ， z_2)，(x_3 ， y_3 ， z_3)，T)。其中，08 指塔吊，属于立体目标，需要三个定位坐标来表达。

电线/电缆：(B09×××× ，(x_1 ， y_1 ， z_1)，(x_2 ， y_2 ， z_2)，T)。其中，09 指电线/电缆，属于线型目标，需要两个定位坐标来表达。

重要岗位：(B10×××× ，(x_1 ， y_1 ， z_1)，(x_2 ， y_2 ， z_2)，(x_3 ， y_3 ， z_3)，(x_4 ， y_4 ， z_4)，T)。其中，10 指重要岗位，属于面型目标，需要四个定位坐标来表达。

3. 运算模块

运算模块的主要功能是基于输入模块初步处理得到的定位数据，进行进一步的分析、处理和基于安全规则的计算，以判定施工现场作业人员是否处于不安全区域。其基本流程可以按照：提取不安全环境因素的定位数据→判断不安全环境因素属性→界定不安全区域范围→提取作业人员的定位数据→判断是否处于不安全区域→判断作业人员的属性→预警模式启动发送预警信号，如图 6-19 所示。

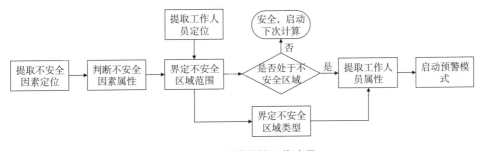

图 6-19 运算模块工作流程

117

　　运算模块的主要思路是进行枚举计算，对于每一个不安全环境因素的定位数据，都计算出的不安全范围，并识别在其不安全范围内是否存在作业人员。如果不存在作业人员，则安全性判定通过，启动对下一个不安全环境因素的安全性判定；如果存在，则根据该作业人员的工作权限，发送相应的预警信号。

　　在判断不安全环境因素的属性时，根据上文的定位数据格式定义，只需识别定位目标编号的第二及第三位数字，01~10分别表示基坑、洞口、临边、墙、脚手架、施工机械、运输车辆、塔吊、电线/电缆、重要岗位类不安全环境因素。

　　界定不安全区域的范围和提取作业人员定位数据将同步进行，即读取作业人员的定位坐标(x_0, y_0, z_0)，并读取不安全环境因素的定位坐标。同样，从定位目标编号可知。不安全环境因素属于线型目标、面型目标或立体目标，据此进行以下分析和计算过程：

　　（1）线型目标

　　判定条件：××=01或03或04或05或09。

　　目标定位数据格式为$((编号), (x_1, y_1, z_1), (x_2, y_2, z_2), T)$。对作业人员的坐标和不安全环境因素的坐标进行距离计算，

$$d = \frac{(x_1-x_0, \ y_1-y_0) \cdot (x_2-x_0, \ y_2-y_0)}{\sqrt{(x_1-x_2)^2 + (y_1-y_2)^2}}$$

　　对d与设定的安全阀值进行比较，判定作业人员是否在不安全区域内。例如，对基坑：

　　若$d<1m$，则判定作业人员处于高坠区和坍塌区，进行后续预警；

　　若$1m<d<2m$，则判定作业人员处于坍塌区，进行后续预警；

　　若$d>2m$，则判定作业人员处于安全区域，无后续预警。

　　其他的不安全环境因素与此类似，具体的计算规则见表5-1。

　　（2）面型目标

　　判定条件：××=02或06或07或10。

　　目标定位数据格式为$((编号), (x_1, y_1, z_1), (x_2, y_2, z_2), (x_3, y_3, z_3), (x_4, y_4, z_4), T)$。对作业人员和不安全环境因素的坐标进行相对位置计算：

$$l = \sqrt{(x_0-x_*)^2 + (y_0-y_*)^2} - R$$

$$(x_*,\ y_*)=(\frac{x_1+x_2+x_3+x_4}{4},\ \frac{y_1+y_2+y_3+y_4}{4})$$

$$R=\frac{\sqrt{(x_1-x_3)^2+(y_1-y_3)^2}+\sqrt{(x_2-x_4)^2+(y_2-y_4)^2}}{4}$$

对 l 与设定的安全阀值进行比较，判定作业人员是否在不安全区域内。当然，上式是一个粗略的计算公式。例如，对施工机械：

若 $l<2$m，则判定作业人员处于碰撞区，进行后续预警；

若 $l>2$m，则判定动作人员处于安全区域，无后续预警。

其他的不安全环境因素与此类似。

（3）立体目标

判定条件：×　×=08。

目标定位数据格式为 $((编号),(x_1,\ y_1,\ z_1),(x_2,\ y_2,\ z_2),(x_3,\ y_3,\ z_3),\ T)$，其中 $(x_1,\ y_1,\ z_1)$ 为塔吊驾驶室中心坐标，$(x_2,\ y_2,\ z_2)$ 为吊钩中心坐标，$(x_3,\ y_3,\ z_3)$ 为吊臂顶端坐标。

首先，对作业人员是否位于驾驶室进行位置计算，

$$D=\sqrt{(x_0-x_1)^2+(y_0-y_1)^2+(z_0-z_1)^2}$$

对 D 与设定的安全阀值进行比较，通常设安全阀值为 1m，

若 $D<1$m，则判定作业人员位于驾驶室，进行后续预警；

若 $D>1$m，则判定作业人员未位于驾驶室，无后续预警。

然后，对作业人员是否处于吊物威胁下进行位置计算，

$$r=\sqrt{(x_0-x_2)^2+(y_0-y_2)^2}$$

对 r 与设定的安全阀值进行比较，安全阀值为 5m，

若 $r<5$m，则判定作业人员位于吊物落物区，进行后续预警；

若 $r>5$m，则判定作业人员未位于吊物落物区，无后续预警。

以上是对作业人员进入不安全区域的计算规则，在判定作业人员处于不安全区域后，需进行作业人员属性和不安全环境因素属性的双重判断，计算该情况下

119

应当采用哪种预警模式，如表6-5和表6-6所示。

进入不安全区域判定规则 表6-5

不安全环境因素	进入不安全区域判定规则			
	不安全区域界定规则	距离计算	区域类型	危险等级
基坑 编号：B01×××	基坑边缘外扩1m	$d<1m$	高坠区	1级
	基坑边缘外扩和内扩2m	$d<2m$	坍塌区	1级
洞口 编号：B02×××	洞口边缘外扩0.5m	$l<0.5m$	高坠区	1级
	洞口边缘外扩1m	$l<1m$	高坠区	1级
临边 编号：B03×××	临边边缘以内1m	$d<1m$	高坠区	1级
墙 编号：B04×××	外围轮廓2m	$d<2m$	落物区	2级
脚手架 编号：B05×××	作业面以上	$d<$脚手架宽度	高坠区	1级
	作业面以下及垂直投影外扩1m	$d<$脚手架宽度+1m	落物区	2级
	脚手架垂直投影外扩2m	$d<$脚手架宽度+2m	坍塌区	1级
施工机械 编号：B06×××	施工机械轮廓外扩2m	$l<2m$	碰撞区	2级
运输车辆 编号：B07×××	施工机械轮廓外扩2m	$l<2m$	碰撞区	2级
塔吊/吊车 编号：B08×××	攀爬楼梯及操作间	$D<1m$	高坠区	1级
	以吊钩垂直投影为圆心，5m为半径的圆形区域	$r<5m$	落物区	2级
电线/电缆 编号：B09×××	以电线/电缆为中心，左右各宽1m的带状区域	$l<1m$	触电区	1级
重要岗位 编号：B10×××	重要机械设备车辆的操作间为重要岗位	$l<1m$	重要岗位	3级

不安全环境因素预警规则　　　　　　　　　表6-6

不安全环境因素	人员权限 / 预警模式 / 编号：A×××××××							
	操作人员（A级权限）		作业人员（B级权限）		检修人员（C级权限）		其他人员（无权限）	
基坑编号：B01×××	—		②~⑨	B类预警			①⑩	D类预警
	—		②~⑨	B类预警			①⑩	D类预警
洞口编号：B02×××	—		②~⑨	B类预警			①⑩	D类预警
	—		②~⑨	B类预警			①⑩	D类预警
临边编号：B03×××	—		②~⑨	B类预警			①⑩	D类预警
墙编号：B04×××	—		②~⑨	B类预警			①⑩	D类预警
脚手架编号：B05×××	⑧	A类预警	②~⑨/⑧	B类预警			①⑩	D类预警
	⑧	A类预警	②~⑨/⑧	B类预警			①⑩	D类预警
	⑧	A类预警	②~⑨/⑧	B类预警			①⑩	D类预警
施工机械编号：B06×××	①	A类预警	—		⑩*	C类预警	②~⑩	D类预警
运输车辆编号：B07×××	①	A类预警	—		⑩*	C类预警	②~⑩	D类预警
塔吊/吊车编号：B08×××	①	A类预警	—		⑩*	C类预警	②~⑩	D类预警
					—		①~⑩	D类预警
电线/电缆编号：B09×××	—		⑥	B类预警	—		①~⑩/⑥	D类预警
重要岗位编号：B10×××	①	A类预警	—		—		②~⑩	D类预警

4. 输出模块

系统在判断了工人是否位于不安全区域后，根据作业人员的属性判断作业人员在该区域的工作权限，根据不安全区域的属性判断该区域的危险等级，进而结合设定的预警模式进行相应的预警。

6.2.4　系统工作流程

施工人员不安全行为预警系统，针对不同属性的工作人员和其所处的不安全区域，可以实现工作人员位置的实时监测、工作人员安全防护装备的佩戴监测、重要施工机械设备车辆的操作权限监测等功能。在此基础上，根据工作人员的位置和各种不安全区域的范围，可以识别不安全区域中是否存在不应当出现在该区域的工作人员，以及对该区域中可能发生的危险事故实时地提示给在该处范围内的工作人员，从而实现有效地避免各种安全事故的发生。该系统工作流程，如图6-20所示。

6.2.5　系统应用效果展示

按照本预警系统的工作机制，系统主要工作内容可以分为施工现场模型构建、不安全环境因素识别、不安全区域划分、作业人员现场位置读取、作业人员安全性计算、潜在施工事故报警等方面。下文将选择某厂房的主体结构施工工作为试验对象，对上述步骤进行描述。该厂房的主体为框架结构，正处于地上一层至地上二层的施工进度：分为三个施工段，施工段一处于一层顶模施工阶段，施工段二处于一层顶板钢筋施工阶段，施工段三处于二层结构施工阶段。

1. 施工现场建模

对该施工过程进行了初步建模，为了简化试验过程，模型的构建也进行了相应的简化处理。如图6-21所示，本文为正在进入施工状态和已经施工完成的主体结构部分进行了模型建立，并为相关的施工过程进行了施工机械和设备的建模，如图中的吊车及混凝土车等。

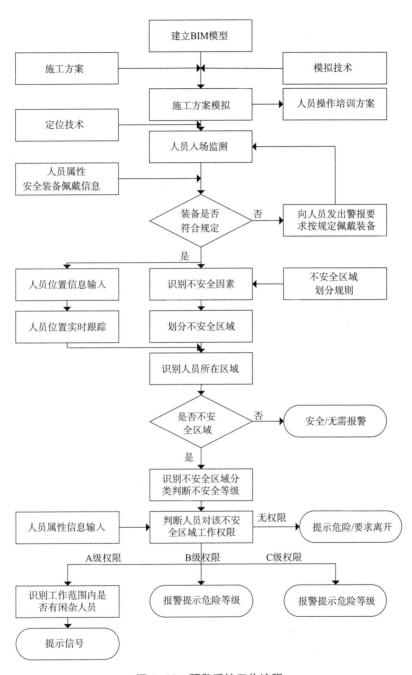

图 6-20 预警系统工作流程

图 6-21　施工现场模型构建

2. 不安全环境因素识别

在施工现场建模后，系统将根据前文提出的不安全环境因素识别机制，对施工现场（模型）中存在的可能导致施工安全事故发生的不安全环境因素进行识别，并在系统界面中根据用户的需要进行高亮显示或不显示。

根据前文的叙述，施工现场的不安全环境因素可以根据施工安全事故的发生类型和导致安全事故发生的原因，划分为九大类。施工不安全行为预警系统根据以上分类对施工现场模型进行扫描和信息采集，识别并提取其中可以匹配的不安全环境因素，并可视化显示出来。

在此所选择的试验对象是一个已经简化的施工现场模型，包括正在施工中的主体结构以及一台吊车和一台混凝土车。通过利用系统的识别机制对该施工现场模型进行扫描，识别并提取出其中的不安全环境因素。在该施工现场模型中，可以识别出包括洞口、临边、施工机械、吊车在内的共四类不安全环境因素。洞口类不安全环境因素在该施工现场模型中共三个，分别为位于施工段二的楼板处的三个洞口；临边类不安全环境因素在该施工现场模型中共八个，分别为一层楼板的几个临边；施工机械在该施工现场模型中指的是停靠在主体结构旁边的混凝土车；吊车类不安全环境因素可能引发由于车身导致的机械伤害事故和由于吊物导致的物体打击事故。

预警系统列出了以上识别出的不安全环境因素，并高亮显示出其中的洞口、临边和吊车类不安全环境因素，如图 6-22 所示，深色构件为施工现场模型中的不安全环境因素。

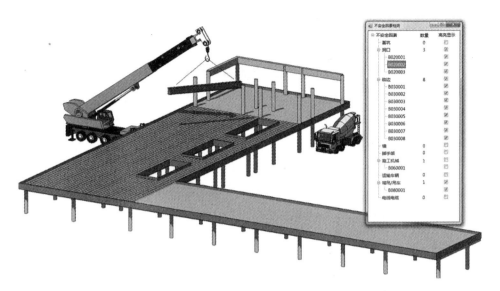

图 6-22　不安全环境因素识别

如图 6-23 所示，列出了不安全环境因素的分类、编号、数量等，并根据用户的需要提供了是否对不安全环境因素进行高亮显示的选择。

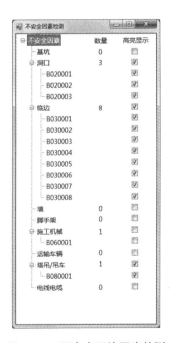

图 6-23　不安全环境因素检测

3. 不安全区域划分

识别施工现场不安全环境因素的目的是为了对各不安全环境因素进行不安全区域的划分，因此在提取出模型中的不安全环境因素后，预警系统结合不安全区域的划分规则，对不安全环境因素导致的不安全区域进行范围计算和界定，并根据用户需要在用户界面中显示。

根据前文对不安全区域的分类方法，上述不安全环境因素涉及的不安全区域主要包括高坠区和落物区两类，其划分方法如下：

洞口：洞口导致的不安全区域为高坠区，通常会考虑洞口的尺寸为洞口的范围设计一段距离的缓冲区。对于本书所用案例中的洞口尺寸而言，设计其不安全区域为洞口边界及边界外扩 1m 为高坠区。

临边：临边导致的不安全区域为高坠区，同样为临边设计一段距离的缓冲区。在此设置其缓冲距离为 1m，因此临边的不安全区域为临边边缘以内 1m 为高坠区。

吊车：吊车可以导致不同的不安全区域，包括车身导致的碰撞区和吊物导致的落物区。在本试验中，为了试验的方便和简洁，仅讨论落物区。吊物的落物区随着吊物位置的改变而改变，要确定其落物区，首先要确定吊物的位置。吊物正下方投影为其落物区，为了安全同样设计一段距离的缓冲区，因此吊车吊物的落物区为吊物正下方投影及投影边缘外扩 2m 为落物区。

该施工现场模型中，预警系统分别计算出洞口、临边和吊车的不安全区域，并在用户界面中显示出来，如图 6-24 和图 6-25 所示，洞口或临边附近的浅色区域即为各不安全环境因素的不安全区域范围。

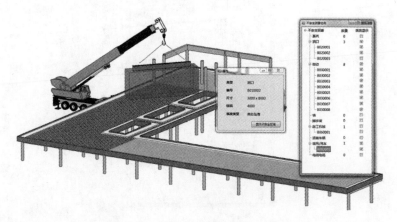

图 6-24　不安全区域范围界定三维图

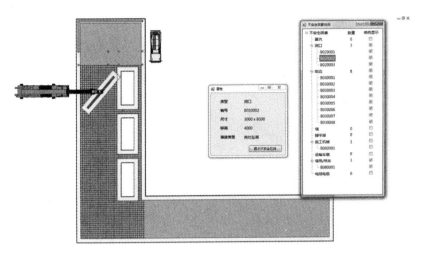

图 6-25　不安全区域范围界定俯视图

同时，系统给出了不安全环境因素和不安全区域的详细属性信息，如图 6-26 所示的编号为 B010002 的洞口类不安全环境因素，系统的不安全区域属性窗口给出其不安全环境因素的类型、编号、尺寸、标高等，并向用户提示作业人员身处其中时可能发生的施工安全事故类型。

图 6-26　不安全区域属性

4. 人员位置安全性计算

施工安全事故是由工人的不安全行为和不安全环境因素共同导致的，因此还需要对人员的位置进行监测。预警系统通过外部接口与定位系统相连，获取作业人员的坐标位置等，并利用这些坐标位置和不安全区域的范围进行作业人员的位置安全性计算。

在本试验案例中，安排了 20 名左右佩戴了定位装置的作业人员进入施工现场进行作业，定位装置按照一定的频率（如5~10次/秒）对作业人员进行定位并向预警系统发送作业人员的坐标位置数据。系统对作业人员的坐标位置数据进行初步处理后，将其转换成与施工现场模型坐标系相匹配的坐标数据。

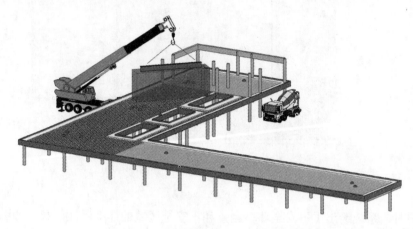

图 6-27　作业人员位置显示（深浅色点）

如前文所述，由于作业人员的体积相对于整个施工现场的面积而言可以忽略不计，因此作业人员可以被视为一个点目标，在施工现场模型中也可以利用一个点坐标来进行表示。作业人员由一个和佩戴在其身上的定位装置的位置相对应的坐标点来表示，如图 6-27 所示。

正常情况下，作业人员由绿色的点表示（如图中浅色的点），而当作业人员处于不安全的状态时，表示作业人员的点将会变成红色（如洞口附近深色的点），如图中分别位于洞口边缘和吊物坠落范围内的两个作业人员。

5. 施工安全预警

当识别出作业人员的不安全状态时，预警系统会启动报警程序，即向相关人员发送相应的预警信息。

预警信息分为两种，其中一种是面向作业人员。处在不安全状态中的作业人员将会接收到来自预警系统的警报。如上文所述，根据不安全状态和可能发生的施工安全事故，相应的预警信息会发送给作业人员。

如本案例中的两名处于不安全区域的作业人员，分别会收到来自定位装置的振动提示和语音提示。位于洞口边缘的作业人员身处高坠区，将会收到语音提示如下：作业人员位于洞口处的高坠区，容易发生高处坠落事故，危险等级为 1 级，注意自身安全；位于吊物下方的作业人员同时身处落物区和高坠区，将会收到语音提示如下：作业人员位于吊物处的落物区及洞口处的高坠区，容易发生物体打击事故和高处坠落事故，危险等级为 1 级，注意自身安全。

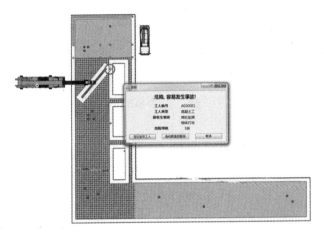

图 6-28　施工安全预警

同时，另一种预警信息是面向安全管理人员的。安全管理人员查看预警系统的用户界面，当不安全状态发生时，相应的报警窗口将会在用户界面弹出，提示安全管理人员可能发生的施工安全事故。该窗口包括施工安全事故可能涉及的作业人员的编号、工人属性、可能导致的施工安全事故的类型以及事故的危险等级。如图 6-28 和图 6-29 所示，施工安全管理人员可以根据报警窗口提供的功能，选择定位到该处于不安全状态的作业人员，以便进一步对该作业人员进行更具体和详细的监控，也可以选择启动更高级的报警程序。

图 6-29　施工安全事故预警窗口

6.3 综合评述

结合上述两个系统平台的试验研究表明：基于 BIM 和安全规则的不安全设计因素自动识别系统能够实现不安全设计因素的检测与显示；基于 BIM 和定位技术的施工人员不安全行为预警系统可以有效识别施工现场的不安全环境因素和不安全区域，并对作业人员位置的安全性进行计算，以实现施工安全事故的实时预警。因此，将 BIM、定位技术等信息技术引入施工安全管理，可以有效支持安全管理的实施，提高安全管理的成效，进而避免安全事故的发生。

参考文献

[1] 中华人民共和国国家标准局. 企业职工伤亡事故分类标准 GB 6441—1986. 北京：中国标准
出版社，1986.

[2] R.M. Choudhry，D. Fang. Why operatives engage in unsafe work behavior: Investigating factors
on construction sites. Safety Science，46（4），2008：566-584.

[3] K.Y. Lin，M.H. Tsai，U.C. Gatti，J. Je-Chian Lin，C.H. Lee，S.C. Kang.A user-centered
information and communication technology（ICT）tool to improve safety inspections. Automation
in Construction，48（0），2014：53-63.

[4] T.S. Abdelhamid，J.G. Everett. Identifying root causes of construction accidents. Journal of
Construction Engineering and Management，126（1），2000：52-60.

[5] M. Kasirossafar，F. Shahbodaghlou.Building Information Modeling or construction safety
planning.ICSDEC，2012，pp. 1017-1024.

[6] 郭红领，张伟胜，刘文平. 集成设计—施工安全（DFCS）的方法探索. 中国安全生产科学技
术，2015：5-11.

[7] National Building Information Model Standard（NBIMS）Project Committee. What is a BIM.
http://www.buildingsmartalliance.org/index.php/nbims/ faq/（accessed: 15 April 2013）.

[8] 郭红领. 建筑信息模型（BIM）. 工程管理研究前沿与趋势（刘俊颖 编）. 北京：中国城市
出版社，2014.

[9] 本书编委会. 中国建筑施工行业信息化发展报告——BIM 深度应用与发展. 北京：中国城市
出版社，2015.

[10] E.Sawacha，S.Naoum，D.Fong. Factors affecting safety performance on construction sites.
International Journal of Project Management，17（5），1999：309-315.

[11] U.K. Lee，J.H. Kim，H. Cho，K.I. Kang.Development of a mobile safety monitoring system for
construction sites. Automation in Construction，18（3），2009：258-264.

[12] Y. Fang，J. Teizer，E. Marks. A framework for developing an as-built virtual environment to
advance training of crane operators，Construction in a Global Network. Construction Research

Congress, 2014, pp. 31-40.

[13] H. Li, G. Chan, M. Skitmore. Visualizing safety assessment by integrating the use of game technology. Automation in Construction, 22, 2012: 498-505.

[14] C. Clevenger, C.L.D. Puerto, S. Glick.Developing a BIM-enabled bilingual safety training module for the construction industry.Construction Research Congress, 2014, pp. 1792-1800.

[15] V.Benjaoran, S. Bhokha. An integrated safety management with construction management using 4D CAD model. Safety Science, 48（3）, 2010: 395-403.

[16] H. Li, M. Lu, G. Chan, M. Skitmore. Proactive training system for safe and efficient precast installation. Automation in Construction, 49, Part A（0）, 2015: 163-174.

[17] H. Guo, H. Li, G. Chan, M. Skitmore. Using game technologies to improve the safety of construction plant operations. Accident Analysis & Prevention 48（0）, 2012: 204-213.

[18] J. Teizer, T. Cheng, Y. Fang. Location tracking and data visualization technology to advance construction ironworkers' education and training in safety and productivity. Automation in Construction, 35, 2013: 53-68.

[19] J. Reason. Human error: Models and management.BMJ, 320（7237）, 2000: 768-770.

[20] 黄伟.浅谈施工管理过程中的不安全行为与物的不安全状态.企业导报，（21），2012: 63-64.

[21] 赵挺生，卢学伟，方东平.建筑施工伤害事故诱因调查统计分析.施工技术，（32），2003: 54-55.

[22] C.S. Park, H.J. Kim. A framework for construction safety management and visualization system. Automation in Construction, 33, 2013: 95-103.

[23] H.L. Guo, H. Li, V. Li.VP-based safety management in large-scale construction projects: A conceptual framework. Automation in Construction, 34, 2013: 16-24.

[24] A. Hammad, C. Zhang, S. Setayeshgar, Y. Asen.Automatic generation of dynamic virtual fences as part of BIM-based prevention program for construction safety. Simulation Conference（WSC）, Proceedings of the 2012 Winter, IEEE, 2012, pp. 1-10.

[25] S. Rowlinson , B.H. Hadikusumo. Virtually real construction components and processes for Design-for-Safety-Process（DFSP）. Construction Congress, 2000, pp. 1058-1062.

[26] V.K. Bansal.Use of GIS and topology in the identification and resolution of space conflicts. Journal of Computing in Civil Engineering, 25（2）, 2011: 159-171.

[27] H. Moon, H. Kim, C. Kim, L. Kang. Development of a schedule-workspace interference management system simultaneously considering the overlap level of parallel schedules and workspaces. Automation in Construction, 39 (0), 2014: 93-105.

[28] H. Astour , V. Franz. BIM-and Simulation-Based Site Layout Planning. Computing in Civil and Building Engineering, 2014, pp. 291-298.

[29] H. Moon, N. Dawood, L. Kang.Development of workspace conflict visualization system using 4D object of work schedule. Advanced Engineering Informatics, 28 (1), 2014: 50-65.

[30] J.P. Zhang, Z.Z. Hu. BIM- and 4D-based integrated solution of analysis and management for conflicts and structural safety problems during construction: 1. Principles and methodologies. Automation in Construction, 20 (2), 2011: 155-166.

[31] K.C. Lai, S.C. Kang. Collision detection strategies for virtual construction simulation. Automation in Construction, 18 (6), 2009: 724-736.

[32] S. Zhang, J. Teizer, J.K. Lee, C.M. Eastman, M. Venugopal.Building Information Modeling (BIM) and Safety: Automatic Safety Checking of Construction Models and Schedules. Automation in Construction, 29 (0), 2013: 183-195.

[33] Y. Zhou, L.Y. Ding, L.J. Chen. Application of 4D visualization technology for safety management in metro construction. Automation in Construction, 34 (0), 2013: 25-36.

[34] S. Zhang, J.K. Lee, M. Venugopal, J. Teizer, C. Eastman.Integrating BIM and safety: An automated rule-based checking system for safety planning and simulation.Proceedings of CIB. W099 (2011), pp. 24-26.

[35] R. Navon, O. Kolton.Model for automated monitoring of fall hazards in building construction. Journal of Construction Engineering and Management, 132 (7), 2006: 733-740.

[36] R. Collins , S. Zhang , K. Kim. Integration of safety risk factors in BIM for scaffolding construction.Computing in Civil and Building Engineering, 2014, pp. 307-314.

[37] H.Kim , H. Ahn. Temporary facility planning of a construction projectusing BIM (Building Information Modeling) . Computing in Civil Engineering, 2011, pp. 627-634.

[38] K. Kim, J. Teizer. Automatic design and planning of scaffolding systems using building information modeling. Advanced Engineering Informatics, 28 (1), 2014: 66-80.

[39] J.A.Gambatese, M. Behm, J.W.Hinze.Viability of designing for construction worker safety. Journal of Construction Engineering and Management, 131, 2005: 1029-1036.

[40] 中华人民共和国国务院.建设工程安全生产管理条例.2004.

[41] J.Reason. The contribution of latent human failures to the breakdown of complex systems. Proc., Royal Soc. Discussion Meeting, Oxford Science Publ. Oxford, U.K.475–484.

[42] M. Gangolells, M. Casals, N. Forcada, X. Roca.A fuertesmitigating construction safety risks using prevention through design. Journal of Safety Research, 41, 2010: 107–122.

[43] M. Weinstein, J. Gambatese, S. Hecker. Can design improve construction safety? Assessing the impact of a collaborative Safety-in-Design Process.Journal of Construction Engineering and Management, 131, 2005: 1125-1134.

[44] J.A. Gambatese, M. Behm, S. Rajendran. Design's role in construction accident causality and prevention: Perspectives from an expert panel. Safety Science, 46, 2008: 675–691.

[45] 熊远勤, 冯力.建筑工程施工安全与建筑设计的关系研究——对灾后重建工程施工安全管理的思考研究.软科学, 24（11）, 2010: 142-144.

[46] T.M. Toole, J. Gambatese.The trajectories of prevention through design in construction. Journal of Safety Research, 2008: 225–230.

[47] NIOSH.National Institute for Safety and Health, 2013.

[48] M. Behm.Linking construction fatalities to the design for construction safety concept. Safety Science, 43, 2005: 589–611.

[49] Q.Nawari. Automating codes conformance. Journal of Architectural Engineering, 18, 2012: 315-323.

[50] C.S.Han, J. Kunz, K.H. Law. Making automated building code checking a reality. Facility Management Journal, 1997: 1-7.

[51] 蒋鹏, 谭宏礼.建筑设计规范自动审查技术的应用模型.工业建筑, 35, 2005: 47-49.

[52] J. Choi, I. Kim. An approach to share architectural drawing information and document information for automated code checking system. Tsinghua Science and Technology, 13, 2008: 171-178.

[53] C.Eastman, J. Lee, Y. Jeong, at el.. Automatic rule-based checking of building design. Automation in Construction, 18, 2009: 1011-1033.

[54] K. Sulankive, J. Zhang, J. Teizer, at el.. Utilization of BIM-based automated safety checking in construction planning.VTT Technical Research Center of Finland.

[55] 方东平, 耿川东, 祝宏毅, 刘西拉.施工期钢筋混凝土结构的安全分析与安全指标.土木工

程学报，2，2002：1-7.

[56] K. Ku，T. Mill.Research needs for building information modeling for construction safety. WorkCover, 2001.

[57] A.F. Waly，Y.T. Walid. A virtual construction environment for preconstruction planning. Automation in Construction，12，2002：139-154.

[58] T.M.Toole. Increasing engineers' role in construction safety: Opportunities and barriers. Journal of Professional Issues in Engineering Education and Practice，131，2005：199-207.

[59] 张仕廉，潘承仕.建设项目设计阶段安全设计与施工安全研究.建筑经济，279，2006：77-80.

[60] 中华人民共和国住房和城乡建设部.住宅设计规范 GB 50096—2011.北京：中国建筑工业出版社，2012.

[61] 中华人民共和国住房和城乡建设部.建筑施工高处作业安全技术规范 JGJ 80—2016.北京：中国计划出版社，2016.

[62] H.W. Heinrich，D. Petersen，N. Roos. Industrial accident prevention. McGraw-Hill New York，1980.

[63] 郭红领，刘文平，张伟胜.集成 BIM 和 PT 的工人不安全行为预警系统研究.中国安全科学学报，24（4），2014：104-109.

[64] X.Y. Huang，J. Hinze. Analysis of construction worker fall accidents.Journal of Construction and Engineering Management，129，2003：262-271.

[65] R. Sacks，O. Rozenfeld，Y. Rosenfeld. Spatial and temporal exposure to safety hazards in construction. Journal of Construction and Engineering Management，135，2009：726-736.

[66] G. Carter，S. D. Smith.Safety hazard identification on construction projects. Journal of Construction and Engineering Management，132，2006：197-205.

[67] 张成方，李超.BIM 技术在地铁施工安全方面的应用浅析.河南科技，5，2013：130-131.

[68] 陈丽娟.基于 BIM 的地铁施工空间安全管理研究.华中科技大学，2012.

[69] 张希黔.高层及超高层建筑工程的 GPS 定位控制研究.重庆大学，2002.

[70] 苏凯，曹元，李俊，潘金贵.基于 UWB 和 DGPS 的混合定位方法研究.计算机应用软件，5（27），2010：212-215.